L'EAU D'ALLEVARD

ET LES

STATIONS D'HIVER

L'EAU D'ALLEVARD

ET LES

STATIONS D'HIVER

AU POINT DE VUE

DES MALADIES DES POUMONS

PAR

LE DOCTEUR J. LAURE, D'HYÈRES

MÉDECIN EN CHEF DE LA MARINE, EN RETRAITE, OFFICIER DE LA LÉGION D'HONNEUR,
MÉDECIN CONSULTANT AUX EAUX D'ALLEVARD.

La perfection des moyens est le moyen
de perfection.

PARIS
LIBRAIRIE VICTOR MASSON
Place de l'École de Médecine.

M DCCC LIX

INTRODUCTION

Deux malades, se rencontrant dans mon cabinet, échangeaient leurs impressions sur leur saison à Allevard. L'un, au milieu d'un traitement des plus heureux, venait d'être envoyé à un autre établissement. Son médecin trouvait l'eau d'Allevard trop énergique; celui de l'autre malade au contraire la trouvait anodine.

Tel est le jugement porté sur la plupart des eaux et des stations d'hiver; il doit en être ainsi, car, suivant les besoins et les méthodes employées, on obtient des effets bien différents et à degrés très-variés. Puis le médecin qui ne peut pas se déplacer apprécie quelquefois le mérite des eaux par la valeur de celui qui les dirige.

Il faut donc que la pratique éclairée par l'observation, établisse non-seulement la nature des eaux mais encore et surtout les applications qui leur sont propres, les circonstances du climat et les moyens dont on peut disposer.

J'apporte mon tribut dans ces courtes considérations qui serviront peut-être à l'histoire médicale d'Allevard. Ce qui peut distinguer cette eau, c'est qu'elle est froide et richement minéralisée par l'acide sulfhydrique libre, qu'elle est probablement parmi les sources sulfurées la plus propice aux inhalations froides, qu'elle réunit toutes les conditions de température, d'air, de hauteur de la pression que l'on doit opposer aux maladies chroniques, particulièrement à celles du poumon ; enfin que la médication est beaucoup mieux et plus longtemps supportée que dans les thermes élevés.

ALLEVARD

CHAPITRE PREMIER

GÉNÉRALITÉS

Eau d'Allevard; Historique; Composition; Propriétés. — Vers 45 degrés de latitude nord et 3°47 longitude orientale de Paris, à 450 mètres au-dessus de la mer, dans une gorge étalant les splendeurs de la nature alpestre, Allevard est caché au bout de la vallée qui rencontre le Graisivaudan à la hauteur de Goncelin. Il est à 8 kilomètres de la Savoie, à 40 kilomètres de Grenoble, à la proximité des centres populeux, Paris, Lyon, Saint-Étienne, Avignon, Marseille, Toulon, Genève et la vallée du Rhône auxquels manquait un établissement analogue aux Eaux-Bonnes.

La vallée d'Allevard est connue par les récits des voyageurs, mais c'est tout ce que les médecins en savaient il y a peu d'années, car l'eau n'en fut analysée qu'en 1837. Cependant elle était visitée de temps immémorial par les gens du pays, qui l'employaient sous le nom des Eaux noires : on appelait ainsi le dépôt sulfureux que les infiltrations de la source non captée laissaient dans le torrent.

Allevard, fréquenté d'abord par les rhumatisants, devint bientôt un pis aller de Bonnes; le malade y venait quand la fatigue et la suffocation ne lui permettaient plus un voyage incertain; les affections de la poitrine étaient en petit nombre et toujours dans un état fort grave. Il est aisé de voir que rien n'est disposé pour attirer la vogue; Allevard est un antique et pauvre bourg qui n'a point fait valoir ses titres de noblesse; il ne doit rien au patronage, à l'éclat des noms et à la mise en train; le matériel n'a rien de beau, et si la foule augmente chaque année, c'est qu'elle vient chercher, dans la Suisse française, une eau des Pyrénées et peut-être la mieux dotée parmi les eaux que la science a consacrées aux maladies chroniques des poumons.

La plupart des applications usitées pour les eaux sulfurées sont suivies dans l'établissement, qui par malheur est au-dessous des constructions modernes. Le directeur a pris à Aix les manœuvres perfectionnées de la douche et du massage; il emprunte à la Suisse et la cure et les bains de petit-lait, au mont Dor les salles d'aspiration, aux Pyrénées l'emploi des pédiluves répétés, aux Allemands la boue minérale et l'exercice après chaque boisson. Comme à Bagnères-de-Bigorre, on a adopté l'injection combinée à l'étuve et au bain; mais ce qui appartient en propre à Allevard, ce qui lui assure un succès de premier ordre, c'est l'inhalation froide que nulle eau ne permet de rendre aussi complète. Cette innovation, qui marque si heureusement l'inspection du docteur Niepce, a pour nous l'importance sans égale d'un agent naturel introduit dans l'organe malade.

Qu'un palais thermal s'élève au lieu des bâtiments qui ne répondent plus au besoin du comfort, et bientôt Allevard sera le rendez-vous du malade qui veut guérir, et du monde élégant qui recherche en été le repos, l'air pur, la distraction.

L'eau d'Allevard jaillissant du calcaire noir qui couvre le pays, est reçue dans un puits creusé sur la rive du Bréda : une pompe mise en jeu par le torrent la porte à la buvette, au réservoir, à la chaudière qui la chauffe au bain-marie.

A la source, elle doit sa teinte opaline au pétillement des gaz; incolore et limpide au repos, elle se trouble à

(1) Les bains aromatiques sont pris dans un établissement particulier.

l'air en proportion de la surface et de l'agitation, et reprend sa clarté en laissant un dépôt de sulfure et de carbonate de chaux. Elle jaunit quelquefois, quand l'état du ciel favorise les réactions.

Vue en masse et au bain, elle est un peu verdâtre et subit, comme la Reine de Luchon, le phénomène de blanchiment que produit la décomposition de l'acide sulfhydrique. On ne sait pas si l'action sulfureuse augmente ou diminue par les dégradations successives de ses éléments; il est au moins certain que ces changements s'opèrent plusieurs fois sans épuiser la sulfuration.

L'eau d'Allevard a plus d'odeur et moins de goût que celle d'Enghien; elle est fraîche, hépatique, un peu astringente et salée; on s'y habitue si aisément qu'on la prendrait aux repas sans difficulté. En gargarisme ou en douche vers le gosier, elle donne la sensation d'un bouillon fade; à la longue, elle peut déterminer une irritation qui va jusqu'à la douleur et à la fluxion.

Sa température moyenne, qui est toujours supérieure à celle du Bréda, est en été de 16° centésimaux. On peut la chauffer à 99° sans l'altérer; elle n'est privée d'hydrogène sulfuré qu'après deux heures d'ébullition; alors seulement, l'iode y bleuit l'amidon, l'acétate de plomb forme un précipité blanc, mais l'acide sulfurique n'y fait aucun dépôt.

Le débit de la source est de 4000 hectolitres par jour; il faut à cet égard nous contenter d'une approximation, mais il est reconnu qu'elle peut suffire à une consommation plus considérable que celle d'aujourd'hui, car au plus fort de la saison le niveau du puits se maintient à 2 mètres.

Au contact de l'eau, l'argent noircit instantanément, le cuivre est noir bleuâtre et le mercure se couvre d'un sulfure pulvérulent. Les sels de plomb lui font perdre le goût et l'odeur hépatiques, en formant un sulfure brun, les tuyaux de ce métal noircissent promptement, tandis que ceux de zinc ne prennent qu'avec le temps une couche blanchâtre.

L'eau précipite en noir avec le proto-azotate de mercure, en jaune et puis en blanc grisâtre avec le bichlorure, en jaune orangé avec le tartre émétique, en brun avec les chlorures d'or.

L'acide sulfurique entraîne un dépôt blanc opalin et détruit l'odeur sulfurée ; le chlore, le brôme et le cyanure de potassium donnent une teinte laiteuse allant au jaune à mesure que l'acide est décomposé.

La teinture d'iode (alcool 1 décilitre, iode sec 1 gramme), en tombant goutte à goutte sur l'eau sulfureuse amidonnée, forme un nuage blanc que dissipe l'agitation. L'iode a précipité le soufre en s'emparant de l'hydrogène. Aussitôt que la saturation est complète, l'iode en excès bleuit l'amidon et la couleur persiste. Dans un litre d'eau prise à la source, l'opération exige 28 centigrammes d'iode, soit 28° du sulfhydromètre, ce qui donne 24,75 centilitres cubes d'acide sulfhydrique et en soufre 0,036 grammes.

L'eau mise en bouteille pour l'exportation marque	0,24 =	21 centil. cubes.
L'eau mise en bouteille après un an (1)	0,24 =	21
— au robinet froid de la buvette	0,20 =	17,5
— au robinet chaud	0,15 =	12,3
— au bain froid	0,19 =	16,7
L'eau d'Uriage	0,30 =	2,65
A Aix, eau de soufre	0,50 =	4,80
A Aix, eau d'alun	0,8/10 =	0,70

La source d'Allevard est minéralisée par l'acide sulfhydrique libre et peu de composé salin ; aussi l'acide arsénieux y forme-t-il un précipité jaune doré tandis, qu'il ne colore pas les eaux chargées de sulfhydrates.

La présence de l'acide carbonique est manifestée par la teinture de tournesol et d'eau de chaux, celle des carbonates par l'effervescence qu'y font les acides nitrique et sulfurique.

(1) Une bouteille conservée depuis 20 ans a donné le même résultat.

Rien ne peut déceler la soude à l'état de carbonate, mais les sulfates de soude et de chaux sont accusés par le chlorure de baryum qui produit un précipité soluble dans l'acide azotique.

L'oxalate d'ammoniaque y détermine un dépôt très-abondant, l'eau savonneuse y forme des grumeaux, ce qui peut caractériser les sels de chaux solubles. Après le précipité par l'oxalate, l'ammoniaque entraîne des flocons légers comme dans les eaux magnésiennes.

Le résidu de l'évaporation colore en jaune la flamme du chalumeau et laisse voir au microscope du chlorure de sodium et de petits cristaux de sulfate de soude en feuilles de fougère.

Le fer, qui, suivant Dupasquier, serait un carbonate en dissolution, n'est point isolé par les procédés chimiques, mais on voit au microscope des flocons de peroxyde hydraté recouverts de glairine, et la boue minérale est colorée par le sulfure de fer que l'oxydation fait passer à l'état de sulfate.

L'eau d'Allevard est-elle iodée? Dans un renvoi de prospectus il est dit que, suivant M. Chatin, elle serait la plus riche en iode après Challes et Heilbronn (Bavière). Des travaux récents font ajouter 1 milligramme d'iode à l'analyse Dupasquier; cependant j'ai laissé pendant plusieurs jours des papiers amidonnés dans le réservoir, dans les salles d'inhalation, dans les étuves, dans les bains, sans obtenir la plus faible teinte de bleu. Après avoir déterminé la valeur des moyens proposés pour découvrir les plus minimes quantités d'iode à l'état de combinaison dans les eaux minérales, Dupasquier s'exprime en ces termes : « Nous n'avons « négligé aucun de ces moyens pour rechercher l'iode et « le brôme dans les eaux d'Allevard, et les résultats ob- « tenus ont tous été négatifs. En employant successive- « ment les agents indiqués, y compris la pile de Volta, « bien que nous ayons opéré sur un résidu de 50 litres « d'eau privée de ses sels facilement cristallisables, dans « aucune expérience nous n'avons obtenu de nuance bleue

« par l'amidon, ni de nuance jaune indiquant la présence « du brôme en liberté. M. Savoye, de Grenoble, après des « expériences faites avec beaucoup de soin, est arrivé au « même résultat. L'iode et le brôme ne doivent pas être « comptés au nombre des éléments qui minéralisent l'eau « d'Allevard. » (Page 181.)

Des préventions que rien ne justifie ont fait de l'iode un principe nécessaire à l'entretien de la vie ; elles ont acquis une telle importance aux sources iodées qu'en tous lieux on a cherché l'iode, même dans l'eau potable et l'air atmosphérique, et la chimie en a trouvé partout. Mais les données récentes de la science ont démontré que l'air n'en contient pas. S'il en existe à Allevard, c'est en si faible quantité qu'on ne saurait en tenir compte.

C'est de nos jours une tendance reconnue d'attribuer à chaque source les éléments et les propriétés de toutes les eaux; on s'en plaint avec raison, car rien n'est plus propre à dérouter les médecins que la confusion et la banalité des analyses. Abandonnons aux sources iodées les indications qui réclament l'iode, il est douteux que les eaux sulfurées, d'ailleurs si bien partagées, gagnent beaucoup à l'addition d'un atome d'iode, au moins quand on veut les appliquer aux affections de la poitrine (1).

(1) L'iode que nous repoussons du traitement de la phthisie, beaucoup plus que le fer accusé de tant de méfaits, l'iode peut convenir aux sujets scrofuleux quand il y a lieu de refaire le sang et de tonifier sans craindre l'irritation ; il réussit dans les engorgements, les kystes, les tumeurs non squirrheuses, les épanchements lymphatiques et glanduleux. J'ai vu disparaître ainsi un kyste énorme de l'ovaire, avec retour de l'embonpoint et des mamelles atrophiées. Injecté dans les cavités closes, il modifie les parois, convertit les collections en abcès aigus, et provoque l'absorption; mais cette puissance acquise au domaine chirurgical, met l'iode au contact d'un tissu n'ayant qu'une sensibilité obtuse et n'excitant pas de réaction. Toutes les fois qu'il est pris à l'intérieur, il faut prévenir l'effet local au moyen de combinaisons; ainsi présenté, il est à peine supporté par les voies digestives quand elles sont en bon

La glairine d'Allevard n'est pas agglomérée comme à

état, et seulement chez les personnes lymphatiques, affaiblies, peu irritables et douées d'un sang impropre à réaliser les phénomènes de l'inflammation. Dans ce cas même, il fait souvent acheter ses effets par un certain degré d'intoxication et d'amaigrissement que l'on observe en grand chez les animaux destinés au lait iodé. Les vêtements, les sueurs, les déjections des malades soumis au traitement sont imprégnés de l'odeur iodée. Il en est bien autrement pour les membranes phlogosées, la conjonctive, par exemple, et la muqueuse des poumons. Celle-ci joint à la sensibilité générale et commune, celle d'un organe spécial ou d'un sens pour son excitant propre, elle ne peut recevoir qu'un air tempéré, ni chaud ni froid, elle refuse absolument celui qui contiendrait la plus faible proportion de vapeurs irritantes.

On comprend l'action dépurative et fondante de l'iode privé de sa causticité, réduit à l'état de molécule, agrégé dans les aliments, le pain et les boissons; mais l'application immédiate de l'iode métallique ou en vapeur sur la bronche est en opposition avec cette règle sans exception que l'organe malade exige la douceur de l'excitant et le repos de la fonction; il est impossible d'imaginer une conduite plus contraire au but qu'on se propose. L'iode n'agit pas comme un substitutif, un cathérétique fixe, au même titre que l'azotate d'argent, qui, sans être absorbé, limite son action à la partie touchée; il est pour ainsi dire un irritant diffusible et permanent, il est caustique à la façon de l'acide nitreux, de l'acide sulfureux, il brûle aussi longtemps qu'il est au contact de l'organe, et jusqu'à ce qu'il soit entièrement éliminé. Les vapeurs d'iode les plus divisées dans l'eau chaude et chargée de substance émolliente ne sont pas supportées dans les régions tempérées, encore moins sous les climats de l'équateur où l'air est déjà trop pauvre en oxygène. J'ai varié ses applications de toute manière et jamais sans inconvénient; l'iode excite la toux, il augmente la fièvre, il expose à l'hémoptysie, il précipite le travail de la tuberculose.

Dans cette médication hasardée qui produit le mal pour essayer de le guérir, il y a quelque chose d'analogue au *similia similibus* d'Hahnemann, et encore les homœopathes dans ce cas n'acceptent point l'iode. Dira-t-on que l'eau sulfurée produit un semblable effet? Mais tandis que l'iode excite une inflammation immédiate sur la partie, et secondairement sur l'organisme, les sulfureux excitent l'économie et, par suite, les bronches, mais pas plus les bronches que les autres appareils ou organes affectés; ils leur donnent seulement le degré d'excitation nécessaire à la résolution.

Les maladies chroniques, les cachexies, peuvent donc être attaquées par la médication iodée lente et continue, on peut guérir avec l'iode et malgré lui; il est des personnes qui s'y habituent comme aux poisons.

Luchon et ne forme jamais ces masses foliacées que nous voyons dans les regards de Cauterets; elle est peu abondante et reste en dissolution comme dans les eaux froides. On peut voir çà et là quelques filaments soyeux recouverts d'une couche blanchâtre et gélatiniforme ; il y a de plus sur les bords du torrent qui reçoit le trop plein de la source, une matière confervoïde indiquée par Dupasquier.

Ainsi que dans les eaux fortement minéralisées, l'acide sulfurique est produit par la décomposition de l'hydrogène sulfuré; dans la galerie du puits la pierre calcaire est incrustée de sulfate en cristaux, et sur les toiles d'araignée l'acide sulfureux se dépose en gouttelettes que M. Boujeau a pu concentrer à la densité voulue pour le commerce.

Étude comparative de l'eau d'Allevard et de l'eau de Bonnes. — Considérations sur les différentes espèces d'eaux sulfureuses.

	ALLEVARD. (Dupasquier.)	BONNES. (O. Henri.)
Température moyenne	16°	31°
Principes fixes	2,24 gram.	0,604
Sulfate de soude	0,535	»
— de magnésie	0,523	0,012
— de chaux	0,298	0,118
Chlorure de sodium	0,503	0,342
— de magnésium	0,062	0,004
Carbonate de magnésie	0,010	»
— de chaux	0,305	0,014
Silice et fer	indéterminé	indéterminé.
Matières organiques	indéterminé	0,106
Gaz sulfhydrique	0,02475 cent. cub.	0,0055 mill. cubes.
Gaz acide carbonique	0,097	0,006
Azote	0,104	traces.

Mais avons-nous dans la pulmonie un exemple constaté de guérison par l'iode, impossible aux moyens ordinaires ? Il est permis de croire qu'un malade soulagé à la suite de ce traitement l'aurait été plus vite et plus sûrement par le repos et l'action d'un air tempéré.

Après avoir déféré trop longtemps à la mode, je ne parlerais pas ainsi sans l'opinion des praticiens qui font autorité. L'iode a obtenu un succès de vogue dangereux, qui compromet son importance légitime. Une réaction serait-elle opportune? Évidemment on est allé trop loin et je crois que les revers connus ne donneraient pas moins d'enseignements que les succès douteux.

La comparaison des analyses fait voir que dans le groupe des Pyrénées, il n'y a pas entre deux sources, même les plus rapprochées, autant d'analogies qu'il en existe entre Allevard et les Eaux-Bonnes. Ce que les Eaux-Bonnes sont aux Pyrénées, Allevard l'est aux Alpes, mais avec l'avantage dû à l'abondance des eaux, à la richesse de sulfuration, à la douceur du climat, à la beauté du site et par-dessus tout au peu d'élévation au-dessus de la mer. L'établissement reçoit l'air des sapins sans toucher à la région des hauteurs où la pression barométrique est insuffisante à la respiration, où le froid contrarie l'effet des eaux et le rend quelquefois dangereux.

Toutefois il serait oiseux de discuter l'importance et le rang qu'Allevard doit occuper; la composition d'une source est presque toujours le moindre des éléments qui font sa renommée. Ce qui conduit aux eaux, ce n'est point la thermalité, la nature ou la proportion des agents minéralisateurs, c'est bien plutôt le médecin; et par suite on s'habitue à juger des eaux par le personnel qui les administre. C'est aux docteurs Bertrand que le mont Dor a dû sa réputation. Les procédés inventés par Barrier ont appelé l'attention sur l'eau de Celles. L'histoire des Eaux-Bonnes se lie au nom de L'Inspecteur; on faisait pour le voir une route pénible, on l'attendait avant le jour. Son absence laisse un vide et la faveur s'est portée vers Cauterets. Je comprends moins la part que l'on a faite à Ems, si elle ne s'explique par l'attrait d'un voyage aux bords du Rhin.

Il est des eaux qui ont incontestablement plus d'avenir que les thermes les mieux fréquentés; cela tient au passage d'un baigneur à la mode, aux plaisirs, aux méthodes suivies, et ce qu'il y a de plus remarquable en

2

ce genre est la vogue acquise par Loesch à titre de sulfureux. Là, le malade, inconstant partout ailleurs, a la patience de s'immerger jusqu'à huit et dix heures chaque jour. Des médecins, au moyen de l'eau chaude, obtiennent des effets qu'on ne sait pas toujours demander aux plus fortes minéralisations. Les personnes qui ne craignent pas une température élevée préfèrent les bains d'Aix où le douchage atteint au degré de perfection. En un mot, la valeur d'une source est mal déterminée par sa composition; l'analyse est une autopsie mal faite et ne laissant que les débris d'un corps privé de vie ; elle désorganise, elle sépare et ne donne pas plus son essence qu'elle ne peut le reconstruire en rapprochant ses principes connus. La vie des eaux sulfureuses, des eaux thermales surtout, est si fugace, elle dépend si bien de l'état primitif, qu'elles ne subissent pas impunément le transport ni le contact de l'air. Par conséquent on ne doit point conclure par l'analyse à l'action thérapeutique; réflexion bien propre à réduire de beaucoup l'importance qu'on accorderait au sulfure minéralisant.

Peut-on établir une préférence méritée, rationnelle, en faveur des Pyrénées? Il est certain que pour avoir une classification satisfaisante, il faudrait que toutes les eaux fussent examinées par une commission, par un seul homme, avec les mêmes moyens et dans le même esprit. Est-ce possible? Durand Fardel admet comme sulfurées les eaux minéralisées par un sulfure plus abondant que les autres principes; il appelle sulfureuses toutes celles qui sont pourvues d'un élément sulfureux quelconque. Ces distinctions qui ne préjugent rien n'expriment pas non plus une qualité supérieure, on pouvait aussi bien tenir pour *sulfurées* celles que l'auteur a nommées *sulfureuses*.

Foutan partage les eaux sulfurées en sodiques ou naturelles, et calciques ou accidentelles; ingénieuse conception qu'il est impossible de vérifier, et par conséquent trop sujette à l'erreur et sans but dans la pratique. Il a fait une loi d'exclusion pour les Pyrénées qui seules auraient quelque valeur, et encore l'Eau-Bonne fait exception, elle reste indéterminée, en sorte que Luchon serait le centre, la reine et le type des eaux.

Est-ce donc que les eaux seraient plus ou moins naturelles parce qu'elles sont caractérisées par un sulfure ou bien par un sulfate, et ne sont-elles pas au même point accidentelles, formées par de fortuites combinaisons? Toutes sont le résultat d'incessantes décompositions dans leur trajet, dans leurs conduits, à l'émergence, et l'action de l'air, qui est le plus actif des modificateurs, ne leur constitue pas un état définitif; le sulfure de sodium ne pourrait donc avoir qu'une prééminence de convention.

Les eaux sulfurées chaudes sont liées aux formations primitives; mais en est-il qui restent pures, isolées des terrains secondaires, sédimenteux, qui ne trouvent dans leur trajet ni substance animalisée ni principes salins pouvant modifier leur nature et leur thermalité? Il faut bien que les eaux sulfurées naturelles se chargent en courant de la glairine qui ne peut exister dans les couches primitives.

Toutes les sources minérales se comportent de la même façon, quels que soient la base et le point de départ. On ne peut pas leur assigner un caractère spécial aux sels de chaux, aux sels de soude, aux sulfures, aux sulfates... Toutes les eaux sulfureuses sont chlorurées, les eaux calciques sont alcalines comme les eaux sodiques ; la soude aussi bien que la chaux s'y présentent combinées avec tous les acides. Le degré de sulfuration ne tient pas plus à l'espèce de sel que la température, et l'hydrogène sulfuré qui le mesure exactement, provient toujours des sulfures décomposés par le contact de l'air ou du corps oxygénés. L'eau calcique de Digne, qui s'élève à 48 degrés, dépasse en thermalité tout le groupe sodique des Pyrénées, celle de Viterbe est à 60 degrés, celle d'Acqui à 75, pendant que les eaux chaudes sont à 27 degrés, celles de Marlioz à 14, celles de Challes sont plus froides encore.

Le sulfure de sodium n'est jamais plus énergique ni plus fixe que celui de calcium, il est aussi facilement dénaturé ; les résultats de ses décompositions ne changent pas, et c'est l'air qui dans tous les cas joue le rôle important. Ce sulfure qui est le principe des eaux sodiques, fait défaut dans la plupart des sources dites naturelles des Pyrénées et se trouve en plus grande proportion dans la chaîne des Alpes ; il manque à Saint-Honoré, à Bagnoles, à Dax, aux Eaux-Bonnes qui servent de type, et tandis que la Reine de Luchon n'en contient que 5 centigrammes, nous en voyons 6 à Marlioz, 10 à Guagno et 30 à Challes.

Les eaux répandant plus d'odeur quand elles sont aisément décomposées, toutes subissent des substitutions de base avec dégagement d'acide sulfhydrique, il peut en résulter des sels plus ou moins sulfurés suivant l'acide qui se présente; aussi tout sulfure au contact de l'air a perdu son acide et devient un sulfate, un hyposulfate, un hydrosulfate ; l'hydrogène sulfuré peut saturer une base nouvelle, ou bien encore, le sulfate au contact d'un acide est susceptible de former un sulfure et trouble le liquide en émettant du soufre. Le terme et le résultat des réactions qui peuvent avoir lieu à de grandes profondeurs, sera toujours l'acide sulfhydrique, et celui-ci se réduit en soufre et en eau. Il est probable, dit M. Henri, qu'un sulfate étant donné, il faut former un sulfure, et celui-ci redevient sulfate, en sorte que les eaux sulfurées sont celles dont l'hydrosulfate est décomposé par l'air ou dans son trajet : il en est de même des eaux carbonatées, des chlorurées. La base qui sature étant sans effet sur l'action finale, il faut conclure que les eaux naturelles ne sont pas mieux définies que les eaux dégénérées et ne présentent pas un composé préférable.

De quelque façon qu'il soit produit, l'acide sulfhydrique

est le principe caractéritisque et réel des eaux sulfurées, sa proportion fait connaître avec rigueur celle du soufre et, pour le déterminer, nous n'avons pas de moyen moins sujet à l'erreur que le sulfhydromètre.

L'eau sulfureuse, où ce principe est libre de combinaison, est sans comparaison la plus certaine dans les résultats et la plus régulière. La source d'Allevard, qui appartient à cette classe, a de plus les propriétés des eaux sulfurées non thermales, calciques ou sodiques ; elle se conserve très-longtemps et dégage avec lenteur son acide sulfhydrique; avantage essentiel au traitement des pulmonies qu'il faut chercher en premier lieu dans l'application immédiate et continue de l'air pur et des corps gazeux.

Or, tandis que l'élément sulfureux est plus riche qu'à Bonnes, l'eau d'Allevard est bien mieux supportée, ce qui tient probablement à la température, à l'altitude, à la pression barométrique, à l'absence du froid, et Allevard est à 400 mètres plus bas que les Eaux-Bonnes (1), par conséquent dans une position plus convenable aux fonctions de l'hématose ; un malade qui respire avec peine, y trouve encore le soulagement que les thermes des Pyrénées ne lui donneraient plus. Pour la même raison, les asthmatiques y sont mieux, l'hémoptysie s'y montre rarement, et n'est jamais le fait des eaux bien ordonnées, ce qui permet de les employer dans les cas douteux avec moins d'hésitation.

En comparant Allevard à Cauterets, à la Raillère par exemple, qui s'en rapproche le plus, nous constatons, en faveur d'Allevard, les mêmes avantages de composition, de hauteur et de climat ; la source est à la portée du baigneur et n'a pas les inconvénients des transitions, du froid, de l'éloignement, toutes choses à considérer quand il s'agit des douches et des bains.

(1) A 100 mètres au-dessous de Saint-Étienne.

CHAPITRE II

TRAITEMENT.

Inhalations froides et chaudes. — Dans la salle d'inhalation froide on aspire les gaz que produit l'eau sulfureuse à la température de la source. Un jet d'eau multiple est reçu dans un bassin supérieur ; le trop plein se divise en tombant sur une série de vasques superposées, plus larges vers la base, et s'écoule dans un réservoir communiquant avec la salle au moyen de nombreuses percées. L'atmosphère est saturée par les émanations d'une eau courante ayant une surface égale à celle de la chambre avec une profondeur de 60 centimètres.

Il est des personnes qui supportent l'inhalation une heure ou deux sans en être incommodées, d'autres en commençant ne peuvent y passer plus de cinq minutes à la fois. Quelques malades sont soulagés immédiatement, la plus grande partie n'éprouvent aucun malaise, en général on parvient assez vite à inhaler deux heures chaque jour. J'ai vu trois fois dans la même journée un asthmatique au milieu d'un accès reprendre haleine en entrant dans la salle et s'endormir peu de temps après.

Quand l'inhalation est prolongée, on accuse ordinairement une sensation d'ardeur et de picotement à la gorge et aux fosses nasales, dans les sinus frontaux, le larynx et la trachée, accompagnée d'un certain embarras de la respiration. Amertume et sécheresse de la langue, soif, chaleur, injection de la face et des yeux, pesanteur à la région sus-orbitaire, aux tempes et au front, plus rarement à l'occiput, une douleur contusive à l'épaule ou au grand pectoral, au-dessus des genoux, aux articulations ; une fatigue générale avec brisement des membres inférieurs, enfin un état névralgique, une céphalalgie, un vertige ébrieux comparable à celui de l'acide carbonique.

Chez les personnes qui souffrent de la poitrine on observe plutôt, avec la toux et l'oppression, la rougeur de la face, les palpitations du cœur, l'accélération du pouls et la sueur. Ces phénomènes sont relatifs à la gêne de l'hématose, ils peuvent amener des nausées, des vomissements, l'hémoptysie, la congestion pulmonaire ou cérébrale et l'asphyxie. Ils sont dus non-seulement à l'hydrogène sulfuré, mais encore à l'air chaud qui devient rare et n'est pas suffisamment oxygéné.

La salle n'étant plus en proportion avec le chiffre des baigneurs, pour peu que la réunion soit nombreuse, il y fait une chaleur qui devient excessive au milieu de l'été. Pour éviter cet inconvénient, pour donner à l'inhalation la puissance qu'elle comporte, on se propose de construire une chambre nouvelle dans le jardin, d'augmenter l'espace et la ventilation, de faciliter le dégagement de l'acide sulfhydrique en doublant la hauteur et le volume de la chute.

Alors même qu'il est fatigué pendant l'inhalation, le malade éprouve du bien-être en sortant du milieu sulfuré ; un tiers de ceux que j'ai questionnés avaient après quelques instants la sensation que produit sur la partie enflammée une substance émolliente ; on le voit chez les catarrheux lymphatiques peu irritables qui ont besoin d'excitation, ils sont quelquefois étonnés de la promptitude avec laquelle est soulagée la cuisson du larynx. Il n'en est pas ainsi de ceux qui ont la fièvre, de ceux qui toussent fréquemment et n'expectorent point ; dans ce cas l'inhalation chaude est préférable, au moins jusqu'à ce que l'irritation descende au degré nécessaire à la résolution.

L'utilité des sulfureux ne peut être contestée dans l'herpétisme et dans les affections chroniques du poumon; mais si l'eau prise en bains et en boisson modifie utilement la muqueuse aérienne, quelle n'est pas son efficacité quand le principe actif est porté directement sur la partie malade et par la plus large voie qu'on puisse ouvrir à l'absorption ! Cependant nous faisons passer l'air vital bien avant l'acide sulfhydrique : aussi les salles d'inhalation qui, dans un temps peu éloigné, absorberont l'importance des eaux sulfurées doivent être disposées pour l'aération la plus complète. A ce point de vue, les appareils de MM. Salles Girons et Tirmon semblent un nouveau pas dans la voie des progrès, ils offrent l'eau avec ses gaz à l'état d'entière division et dans l'air ambiant.

Les chambres d'inhalation chaude sont des étuves distinguées seulement par leur destination ; pour les deux la vapeur arrivant à la même température est ménagée pour obtenir tous les degrés voulus. Dans la première appelée Sudarium, il faut être vêtu comme dans une étuve, et dans le Vaporium on aspire sans pousser à la transpiration; mais les baigneurs ne savent pas toujours s'en tenir aux prescriptions, ils se plongent quelquefois dans une atmosphère de vapeur qui peut déterminer des vertiges, des congestions, des syncopes, de l'oppression ou des hémorrhagies.

Dans cette inhalation il faut considérer la vapeur d'eau sans compter absolument sur l'hydrogène sulfuré qui disparaît en grande partie. L'air y est dilaté par la chaleur et peu oxygéné, par conséquent il est moins propre à la respiration et ne possède plus les qualités de l'aspiration froide. Enfin la vapeur agit non-seulement sur l'enveloppe cutanée, mais encore sur les bronches ; il faut donc une grande attention pour diriger le malade affaibli et limiter exactement la chaleur qu'il pourra supporter, sous peine d'appliquer à contre-sens, un moyen précieux. Il convient aux sujets qui respirent aisément, qui peuvent opposer assez de résistance à l'effet dépressif du calorique et des sueurs ; il pourrait aggraver sérieusement l'état de ceux dont les poumons sont engoués.

Presque toujours le malade affecté de laryngite est soulagé quand il entre dans l'étuve ; en humectant les bronches la vapeur fait cesser la douleur et produit la détente ; mais bientôt l'hématose est gênée, la chaleur excite la fluxion de la muqueuse et de la peau, la respiration et les battements du cœur sont précipités, la face, encore plus que le reste du corps, est congestionnée, il en résulte une sueur croissante et par suite un affaissement qu'il convient d'épargner aux personnes débiles.

Après le repos la face est pâle ou altérée, le pouls fréquent, la peau froide et sensible, la force vitale est déprimée par l'excès de la dépense, il existe une profonde sédation.

Le passage à l'air libre à la suite de l'étuve est encore un écueil, le transport est de rigueur, je ne dis pas seulement après le sudarium, mais pour peu que l'aspiration ait été prolongée, que la vapeur soit abondante ou élevée, enfin toutes les fois qu'il se produit un mouvement de congestion.

Le sudarium constitue une prompte et sûre médication chez les hommes vigoureux, à puissante respiration, atteints de maladies de la muqueuse ou de la peau réclamant la diaphorèse : l'arthrite rhumatismale ou goutteuse, l'œdème non lié aux lésions anatomiques du cœur et des gros vaisseaux; il ne réussit pas aux personnes émaciées, à celles qui ne transpirent pas impunément ou qui sont suffoquées ; il nuit toutes les fois que le champ de l'hématose est rétréci par l'engouement ou le travail hétérogène ; il serait dangereux de se tromper à cet égard.

Le vaporium à 28 ou 30° suffit à la bronchite aiguë, à la toux sèche, à l'asthme, à l'aphonie, aux affections du larynx, à l'angine, au catarrhe, alors surtout que l'expectoration ne se fait pas.

Les constitutions faibles sont bientôt épuisées par la chaleur ou par le vide relatif qui met obstacle à la respiration; il faut donc éloigner des étuves les malades qui ont besoin d'un air pur et tempéré, qui sont sujets aux palpitations... ils se fatiguent moins en débutant par une température élevée graduellement.

Bains et pédiluves. — Le bain sulfureux est le moyen le plus complet d'aspiration; il donne la vapeur qui manque à l'inhalation froide, et l'hydrogène sulfuré que la chaude a perdu. La chaleur qui convient le mieux ne peut être indiquée d'une manière absolue; elle varie pour chaque sujet suivant le temps et la disposition; il faut d'abord s'en rapporter à l'impression que le baigneur éprouve.

Le bain sulfureux est d'autant plus excitant qu'il est plus chaud; il produit sur l'économie et surtout vers la partie lésée un surcroît de vitalité qui rappelle ou plutôt rajeunit la plupart des maladies susceptibles de guérir par la stimulation. Pour ce motif, le bain chaud ne convient pas quand il existe un état aigu, de la pléthore ou de la fièvre, encore moins dans la période hectique des maladies. Il ne faut pas oublier, qu'à l'excitation du bain succède un affaissement proportionnel à la faiblesse du malade, à la chaleur et à la durée de l'immersion.

Le bain chaud, 35 à 40°, détermine une rubéfaction générale, énergique, à la façon du sinapisme; il est donc révulsif à très-large surface; il imprime à l'organisme une force d'expansion qui congestionne les téguments, les poumons et l'encéphale; il active la circulation, et secondairement les actes sécréteurs et nutritifs. On l'emploie, pour obtenir une réaction, pour détourner un mouvement fluxionnaire; mais ici la température étant plus élevée que celle du corps, la poussée passagère est suivie d'un effort inverse, en sorte que l'action définitive est l'affaiblissement. Le bain chaud laisse de l'oppression, de la céphalalgie, de la soif, de la fatigue; il éteint la calorification, il donne l'insomnie, des rêvasseries, il épuise les sujets qui ne peuvent fournir à la dépense des sueurs.

Le bain chaud dans lequel il faut toujours considérer le soufre ne convient 1° qu'aux sujets vigoureux qui ne redoutent point les congestions; 2° aux scrofuleux, aux lymphatiques atteints d'hydropisie, d'engorgements viscéraux, d'anciennes plaies de maladies affectant le tissu osseux, les articulations et que l'on modifie encore plus par la chaleur que par les sulfureux. Il est indiqué chez les rhumatisants et les goutteux, au moins quand le cœur et le cerveau ne sont pas compromis, auquel cas il faut borner le bain aux membres inférieurs.

Le bain tempéré, 30 à 35°, fait éprouver une sensation indifférente ou agréable; on peut le prolonger beaucoup plus que les froids et les chauds; il fait baisser le pouls et produit uue sédation d'autant plus vraie, qu'il n'y a pas de réaction; il est applicable aux phlegmasies, et rien ne saurait égaler le bien-être qu'on obtient du bain tiède (25 à 30°), au moment de la fièvre.

Le bain frais (20 à 25°), étant moins chaud que le sang, soutire une partie du calorique extérieur et donne une impression de froid et de vigueur plus soutenue quand il est court. Si on le prolonge, il resserre la peau, concentre la chaleur et tonifie par la réaction qu'il détermine.

En prescrivant les bains frais, il importe de limiter le temps et la chaleur; la résistance est incertaine chez les vieillards et les enfants; il faut leur épargner toute espèce de fatigue, il peut en résulter une hyposthénie sans remède, une fluxion vers l'organe affecté.

Les bains frais sont capables de régénérer le tempérament strumeux; nous les conseillons aux enfants pâles, chétifs, peu développés, aux femmes impressionnables, travaillées par l'irrégularité de la menstruation, par les pertes, les troubles digestifs, par la vie sédentaire et factice des villes.

Il est très-essentiel de surveiller l'action des bains chez les personnes faibles, avancées en âge, alors surtout qu'il s'agit d'une affection de la poitrine. Avant le bain, un exercice violent provoque la sueur et déprime les forces; après le bain, il excite une perturbation générale et met la peau dans un état de turgescence qui s'accroît dans l'eau chaude et repousse l'absorption: c'est au moins un bain perdu.

La transition lente est nécessaire après l'immersion; l'air froid nuirait à l'expansion, il crispe la muqueuse et les téguments que la chaleur a rendus plus sensibles; il convient que l'effet du bain se prolonge et s'épuise au repos.

L'eau prise en même temps que le bain peut donner trop d'irritation; il est quelquefois bon d'arriver aux deux moyens par gradation, après avoir abattu l'éréthisme nerveux et rétabli les fonctions de la peau.

Il est rarement avantageux de mitiger les bains, si ce n'est chez les sujets disposés aux maladies du cœur, aux congestions; en les affaiblissant vous prévenez une douteuse excitation, mais vous atténuez l'effet de l'acide sulfhydrique. Au lieu de ces additions que la chimie ne peut justifier, il est mieux de laisser aux agents naturels et leur composition et leur simplicité; on sent moins le besoin de corriger les eaux quand on les approprie aux besoins du malade en réglant l'hygiène et la médication.

Toutefois, pour les affections cutanées, il n'est pas indifférent d'employer l'eau pure ou mitigée, le bain tiède ou le bain chaud, suivant que l'on poursuit la sédation ou la poussée. C'est l'eau douce qui convient à l'état aigu; la chaleur et la sulfuration modifient plus aisément les maladies chroniques.

Après un bain aromatique on remarque souvent une sédation tout autre que celle des sulfureux, et par suite une plus grande aptitude à supporter le traitement.

Les asthmatiques, les sujets atteints de palpitations ou de dyspnées ne peuvent pas toujours se plonger dans le bain ; au lieu de subir tout à coup la pression du liquide, ils doivent procéder lentement à l'immersion et se tenir au niveau qui laisse à la respiration toute sa liberté. On peut aussi fixer la tête au bord de la baignoire et soutenir sans fatigue et longtemps le poids du corps à moitié supporté; mais c'est plutôt par le bain de siége ou le demi-bain qu'il faut débuter dans les cas de suffocation : par ce moyen, nous pouvons obtenir une révulsion lente et sans réaction en épargnant aux organes pectoraux la pression douloureuse opérée par un milieu trop dense.

Le bain sulfureux est à la fois plus calmant et plus facile à supporter que le bain simple; avec une température ménagée on peut le prolonger bien au delà d'une heure; il est rare qu'il n'ait pas un bon effet quand le malade s'y trouve bien; il est donc permis de l'employer avec persévérance dans les affections chroniques indolentes. Pour juger de ce moyen, nous n'avons qu'à rappeler les cures obtenues dans les établissements où la richesse minérale est remplacée par l'abondance et la thermalité. Ces sources, qui d'ailleurs sont les plus recommandables, semblent condamnées par leur faiblesse à la violence, à la longueur des applications; c'est ainsi qu'on réussit à Loesch au mont Dor et à Aix.

Pour prendre un bain dans les meilleures conditions, le baigneur se lève de bonne heure, il s'habille de laine et se fait transporter dans le cabinet; il quitte ses vêtements et se frictionne en aspirant la vapeur du bain que l'on prépare. Quand la poitrine ou la tête sont menacées, il met les pieds dans l'eau chaude, il en reçoit le jet pour détourner la congestion. La baignoire étant pleine, il s'y place lentement et s'arrête au niveau qu'il ne peut dépasser sans oppression. Cela fait, il couvre la baignoire en laissant un espace qui permet d'absorber la vapeur et les gaz. Il se livre à quelques mouvements, il boit un peu d'eau chaude avant de quitter le bain, se fait sécher avec du linge chaud et s'habille promptement; il reçoit au besoin un pédiluve et se sert de la chaise à porteurs pour regagner sa chambre ; il se couche et se couvre modérément sans se condamner à l'immobilité, sans chercher à transpirer. Après une heure au moins de sommeil ou de repos, il se lève et s'habitue à la température extérieure avant de sortir ; enfin pendant le jour, il évite avec soin la fatigue, l'air frais et tout ce qui peut contrarier le mouvement vers la périphérie.

Le pédiluve sulfureux intervient avec fruit dans le traitement des maladies chroniques ; il est préférable ou vient en aide aux autres moyens qnand le temps se refroidit, quand il y a de la toux, de l'oppression, des phénomènes cérébraux. En ramenant la chaleur aux extrémités, il fait cesser une indisposition commune aux catarrheux, il provoque la sueur et prévient les congestions, il délasse après la fatigue et dissipe la céphalalgie occasionnée par l'excès de chaleur, par la douche ou l'inhalation.

En général, nous préférons le pédiluve après le bain au pédiluve préventif : ce dernier, s'il n'a pas une indication précise, est inutile et ne dispense pas de celui qui serait nécessaire après le bain. Dans la baignoire on le prend avec peine, et sa température est souvent exagérée ; certains malades ne sauraient être sans danger abandonnés à eux-mêmes quand ils sont debout et peu vêtus ; la révulsion n'est pas sans inconvénient, chez les femmes surtout ; elle peut augmenter, avancer, prolonger les fonctions périodiques.

Le pédiluve est quelquefois donné légèrement et détermine un effet tout contraire à celui qu'on se propose ; il est émollient quand il est tiède ; à un degré trop élevé il réagit sur les vaisseaux et produit un accroissement de chaleur générale, une excitation qui se propage à l'organe menacé. Avec une eau tempérée, on attire vers les pieds une fluxion qui dure plus longtemps et reste sans effet sur la circulation.

Dans tous les cas, l'immersion doit finir aussitôt que la sueur est déclarée, mais il est bon de laisser le malade au repos avant de l'exposer à l'air, sous peine d'amener la fluxion qu'on voulait détourner.

Les médecins du Nord redoutent plus que nous l'impression de l'air après le pédiluve, et pour ce motif préfèrent l'ordonner avant la nuit : c'est une bonne précaution, qui perd son but pendant l'été.

Douches. — La douche chaude est, sans comparaison, le plus puissant auxiliaire de l'hydrologie, elle est encore le dernier terme auquel il faut arriver par gradation et seulement chez les baigneurs qui ont assez de résistance et de vitalité pour passer impunément d'une excitation vive à l'affaissement qui peut aller jusqu'à la prostration. Ici l'appréciation est délicate et l'erreur dangereuse ; il est difficile de mesurer d'un côté l'orage circulatoire, et de l'autre l'hyposthénie amenée par la dépense de l'organisme et le défaut de réaction.

La douche est un moyen de rubéfaction qui congestionne les téguments et donne à la circulation sa plus haute énergie, elle provoque la sueur et par suite une sédation proportionnelle aux pertes éprouvées. Rien n'est plus propre à favoriser le mouvement des humeurs, à détourner une fluxion, à résoudre un engorgement, en un mot à réaliser la médication dépurative. Elle réunit au plus haut degré les bénéfices de l'étuve et du bain chaud, elle est susceptible d'applications très-variées, par rapport au jet du liquide, à sa chaleur, à sa durée, au massage, à la percussion, à la partie qui la reçoit.

Sa température ordinaire est de 40 à 41°, on ne la dépasse guère que chez les malades vigoureux, peu irritables, non sujets aux palpitations, aux congestions de la poitrine ou de la tête, et qui peuvent transpirer sans inconvénient. La douche générale est dangereuse ou pénible aux personnes affaiblies qui ne peuvent supporter la turgescence de la peau, la diaphorèse et l'anéantissement qui suit l'application de la chaleur. Dans ce cas, nous préférons la douche tempérée, la douche sans vapeur avec un air qu'on peut renouveler.

Pour obtenir les meilleurs effets de la douche, il est une foule de précautions qui n'échapperont pas au médecin; indiquons les plus élémentaires : préluder par un bain, par une étuve, au moins par le repos, élever peu à peu la température du cabinet, accumuler plus de chaleur vers les extrémités, la réduire en allant à la poitrine et à la tête, complé er l'action de l'eau par la friction, le massage et la percussion ; terminer l'opération par les pieds, se faire transporter dans un lit chaud, transpirer une demi-heure et dormir s'il se peut, se découvrir lentement pour s'habiller, et passer graduellement à l'air extérieur.

Le malade est dans un état violent quand il sort de la douche, il a de la fièvre et de la soif, il respire avec peine ; on l'asphyxie quelquefois sous les couvertures qui servent à l'emmaillotter; cette opération doit être surveillée quand il est faible ou sujet aux congestions, au vertige, à la syncope. Si la transpiration ne s'établit pas, on prescrit une infusion chaude, et de l'eau sulfurée s'il ne pouvait suffire à la déperdition. De bonne heure il faut alléger le poids des couvertures, lui donner du linge peu chauffé, lui permettre de quitter son lit quand la peau est sèche et mieux encore après le sommeil.

Le douché conserve une partie de la journée une grande faiblesse des jambes, une susceptibilité qui lui fait redouter l'exercice et l'impression de l'air ; il devra se vêtir chaudement et sans pousser à la sueur ; il se retire de bonne heure et demande au repos de la nuit le complément de la médication. Il ne reçoit une seconde douche qu'après avoir senti les bons effets de la première. En général il supportera beaucoup mieux les suivantes.

Il faut une attention sérieuse et soutenue pour ordonner une série de douches, beaucoup de baigneurs sont fatigués par la transpiration. D'autres sont suffoqués par la vapeur dégagée durant l'opération. En supprimant cette vapeur on élève aisément la température, on la rend supportable. Il est encore possible d'augmenter la force de la douche et de prévenir la congestion en tenant les pieds dans l'eau chaude ainsi qu'on le pratique à Aix. Il est de rigueur de proportionner la chaleur de la douche à la force du malade et à son âge, on la tolère mieux par un temps frais; au milieu de l'été, elle demande un repos plus complet.

Une douche anéantit souvent par l'excès de chaleur et de transpiration, mais elle fortifie quand on modère les sueurs. Appliquée sur le dos et sur les reins avec peu de chaleur, elle modifie chez les enfants les constitutions les plus débiles.

La douche générale et sa vapeur ne sont pas de trop pour les rhumatisants et pour les dermatoses, pour les maladies chroniques étrangères au cœur et aux gros vaisseaux. La douche locale en dehors du cabinet suffirait aux enfants et aux vieillards; un moyen terme entre les deux procédés consiste à doucher sans vapeur sur les reins et les pieds pour exciter la transpiration vers les extrémités.

Dans l'angine et les affections du larynx, on dirige le jet sur la poitrine et les épaules, mais non sur le cou même, excepté quand il existe un état indolent. Dans la pleurésie chronique on pourrait l'appliquer sur le point douloureux; on devra s'éloigner de la partie lésée quand il s'agit du foie, du cœur ou des poumons, et c'est avec une grande réserve qu'on emploie la douche directe alors que la tuberculisation est imminente.

Douche locale. — On fait tomber impunément un jet de

45 à 50° sur les pieds et les mains des asthmatiques, des catarrheux, des personnes irritables; on peut traiter ainsi les malades atteints d'hypertrophie du cœur : ce serait impossible en les faisant respirer dans un air dilaté; ils y éprouveraient une fatigue extrême, il en résulterait une déperdition de force excessive et sans profit.

On se trouve bien en général de porter la douche un peu loin de la partie souffrante, et de chercher la dérivation dans les maladies aiguës, mais il est plus avantageux de s'approcher du siége et d'activer la circulation quand le mal est devenu chronique. Il faut noter, pour en tirer des conséquences, que la partie douchée conserve la chaleur pendant toute la journée.

La douche, en excitant une perturbation subite, anémise quelquefois le cerveau par la révulsion qui se fait à la périphérie : telle est la cause des faiblesses, des lipothymies que l'on observe chez les sujets dont les vaisseaux capillaires s'injectent facilement.

La douche écossaise est un moyen d'élever la chaleur, de prolonger son application, de la faire supporter par l'alternance avec l'eau froide. On torréfie d'une autre façon que par l'eau chaude, on accroît par ce répit la résistance de la peau sans atteindre à l'excès de sédation ou d'éréthisme. Ces deux effets semblent se modérer, se soutiennent mutuellement, mais il ne faut pas oublier que l'ensemble atténue le résultat définitif. La douche écossaise est un adjuvant, un excitant; elle ne saurait avoir ni les propriétés du froid ni celles de la chaleur, et ne peut revendiquer une action spéciale.

Douche ascendante. — La douche ascendante est un petit jet dont on peut graduer la force d'impulsion, le volume et la chaleur. On la reçoit assis ou mieux debout, on la dirige à volonté sur tous les points, mais particulièrement sur les yeux, l'arrière-gorge et les fosses nasales. Pour comprendre ce qu'on peut en espérer dans l'angine chronique, il suffit de savoir qu'avec un jet tiède et faible on calme promptement la cuisson de la gorge, et qu'en lui donnant toute sa force, on détermine la douleur, la rougeur, la congestion et la phlogose. Parmi les guérisons qui lui sont dues, nous citerons celle du coryza, de l'aphonie, de l'engorgement tonsillaire et de la surdité qui dépend de l'angine.

Nous joignons à ce moyen l'aspiration nasale ou reniflement, qui se fait dans le bain ou au dehors et que nous recommandons comme le traitement le plus certain du coryza chronique. Le coryza n'est pas seulement une indisposition commune et fort gênante, il est encore la cause ou le début des bronchites, des bronchorrhées, des catarrhes sans fin réveillés par l'hiver. Il est rare qu'un accès d'asthme ne soit pas annoncé par un éternument, préparé par un coryza, un spasme commençant dans les fosses nasales. Guérir le coryza, qui souvent est rebelle, est un bienfait pour un grand nombre de personnes, mais il serait encore plus intéressant de prévenir une foule de maladies qui sont le cortége de l'hiver et qui peuvent avoir de fâcheuses conséquences.

La douche à injection administrée par l'appareil ordinaire est destinée aux affections de l'utérus et du rectum. Nous avons fait cesser d'anciens écoulements par cette douche, ou bien par l'injection pratiquée dans le bain avec l'irrigateur ou le siphon : nous usons habituellement des deux moyens ensemble. C'est ainsi que fut rappelé le flux menstruel supprimé depuis cinq ans. On pourrait ajouter à l'action de la douche en combinant l'injection froide avec le bain. Parmi les affections que nous avons traitées avec succès, il faut mentionner la leucorrhée, les pertes séminales, l'atonie, la paralysie du sphincter, l'incontinence après l'opération de la fistule anale.

CHAPITRE III

EFFET DES EAUX.

L'eau sulfureuse est difficile à étudier sur l'homme sain ; peu de personnes savent la prendre avec la patience, la suite et les soins voulus pour obtenir l'action physiologique, et distinguer les modifications opérées par le soufre, de celle qui dépend des éventualités.

L'action de l'eau sulfurée n'est pas toujours la même ; elle peut exciter ou hyposthéniser, exalter ou calmer l'éréthisme nerveux, élever ou abaisser le mouvement circulatoire. Elle guérit avec ou sans perturbation ; il y a bien dans l'eau les éléments et la raison de ces effets, mais encore il faut convenir que le modificateur n'est pas tout dans le traitement et que l'état de l'organisme est pour beaucoup dans les résultats.

Quel rang doit occuper dans la matière médicale un agent complexe qui produit une action calmante et des signes d'irritation? L'hydrogène sulfuré serait-il excitant du fluide sanguin et sédatif du système nerveux? ne peut-il entretenir entre les deux systèmes le balancement nécessaire à l'exercice des fonctions? L'hypothèse ne pouvant satisfaire l'esprit, il faut considérer la sulfuration non-seulement dans son ensemble, mais encore dans chaque appareil et dans les maladies. Ici la théorie s'incline, on a plus besoin de faits que d'explication, et, suivant l'expression d'Alibert, la physiologie des eaux est le seul guide à consulter.

Ainsi que les agents de la médication altérante, le soufre pénètre avec lenteur dans l'organisme et n'agit pas toujours immédiatement; il réveille assez souvent le mal qu'il doit guérir et prolonge ses effets bien au delà du traitement.

La dose et le temps qui amènent la sulfuration n'ont rien de fixe et de régulier. Les troubles fonctionnels arriveront plus vite ou plus souvent chez un malade, et les symptômes qu'il présente ordinairement sont ceux qu'il avait éprouvés. Peu de baigneurs arrivent à la fin de la saison sans accuser du malaise ou des douleurs; cela varie suivant l'appareil qui souffre ou qui sera plus impressionné. Dans aucun cas, on ne saurait juger le résultat définitif par les phénomènes observés et moins encore par l'abondance des sueurs.

L'eau sulfureuse excite la vitalité, la circulation et les actes nutritifs, spécialement les fonctions de la muqueuse et de la peau : d'abord parce qu'elles sont les plus grandes surfaces d'application, en second lieu parce qu'elles reçoivent plus souvent les crises, les fluxions, les mouvements réactionnels.

On observe dès les premiers jours un surcroît d'appétit, de l'agitation, des sueurs, un état nerveux, des rêvasseries, des nausées, des pesanteurs à l'épigastre, alors surtout que l'on boit au robinet chaud; d'autres fois, c'est de l'âcreté, de l'ardeur à la gorge avec injection de la muqueuse et déglutition répétée, picotement, chaleur incommode au voile du palais, au pharynx, à la trachée, dans les bronches; toux, chaleur sternale, essoufflement et congestion. Ces effets, habituellement peu prononcés, sont quelquefois inaperçus ou nuls. Ceux qui nous ont paru les plus constants, seraient : l'accroissement de la puissance digestive et de la faim, la sensibilité au froid, la sueur, la constipation modérée, l'excitation des sens, la facilité des mouvements et de l'intelligence et le sommeil réparateur; enfin, dans une seconde phase, la plénitude et la fatigue, l'insomnie, les rêvasseries, les symptômes qui constituent la fièvre de sulfuration et la poussée.

Quel rôle est réservé à la petite quantité de soufre que l'acide sulfhydrique a déposée sur la muqueuse? Il agit comme altérant à l'état moléculaire ; or le soufre est insoluble, et subit probablement de nouvelles transformations aux dépens des humeurs ; il est en partie absorbé, car on en trouve dans l'urine, en partie rejeté par la transpiration.

Action sur la muqueuse pulmonaire. — L'eau sulfurée n'est point béchique, ainsi qu'on l'a répété depuis Bordeu ; elle guérit un rhume à la façon des excitants, du vin chaud par exemple, et n'a rien des substances béchiques. L'hydrogène sulfuré, qui est évidemment le principe de ses effets, arrête ou suspend l'oxydation vitale « en s'emparant de « l'oxygène du sang ; il est vénéneux par une double action « qui stupéfie la pulpe cérébrale et coagule le sang. » (Mialhe.) Tous les phénomènes de l'eau sulfurée dérivent de ces propriétés, elle est capable de modérer l'action du cœur et des poumons, elle peut être sédative à la façon des acides cyanhydrique et arsénieux; à faible dose elle combat comme eux l'élément phlegmatique. L'eau sulfurée ne nuit pas précisément aux sujets sanguins, mais seulement à ceux qui ont la fièvre, à ceux qui respirent avec peine et dont la maladie restreint le champ de l'hématose. Il faut donc signaler une erreur qui consiste à repousser l'eau sulfurée du traitement des maladies aiguës ; l'observation nous prouve tous les jours qu'elles guérissent plus aisément que les affections plus avancées, occupant un grand espace. On peut donc en user dans la bronchite après la fièvre; au contraire, on ne saurait employer trop de réserve à l'égard de la phthisie avec dépression du thorax, engouement ou induration. Il est bien constaté que la tolérance est relative à l'intégrité des organes respirateurs.

Les catarrheux soumis au traitement des sulfureux accusent bien souvent un surcroît d'irritation ou de douleur, mais on admet à tort dans les eaux sulfurées une élection pour la muqueuse pulmonaire ; elles peuvent exciter quand on les prend avec excès ; jamais elles n'ont produit d'emblée la bronchite ou la pneumonie. Si la muqueuse du poumon est plus souvent congestionnée, c'est que la plupart des baigneurs qui se rendent aux eaux, éprouvent, ou ont éprouvé quelques affections de poitrine ou du larynx, et qu'un organe faible appelle plus aisément le mouvement fluxionnaire. Les phénomènes propres à la maladie qui est en jeu se réveillent chez le plus grand nombre, et s'ils ne sont pas exaspérés outre mesure, ils s'amendent rapidement, pour faire place au calme, au temps d'arrêt, à la guérison suivant le cas : tout dépend de l'état général et de la direction.

La toux revient quelquefois dès les premiers jours, mais cette irritation ne révèle pas, comme on le dit, la nature du mal. L'usage ou l'abus des sulfureux peut aussi bien augmenter une lésion étrangère aux poumons qu'une bronchite, aussi bien la pneumonie que le travail des tubercules, et l'on doit convenir que le diagnostic n'est pas toujours facile. Dans aucun cas l'aggravation n'a lieu sans mouvement fébrile ; aussi est-il fort important de consulter le pouls afin de suivre et de régler le traitement.

On a pensé que l'eau sulfurée disposait à l'hémoptysie ; cela est vrai, pendant l'hiver, parce que la sueur est une condition nécessaire au traitement, mais dans les stations d'été, nous devons en accuser plutôt l'insuffisance de pression. En effet, l'hémoptysie se montre plus souvent vers les lieux élevés, elle dépend si peu des eaux à Allevard, que l'hémoptoïque n'est pas forcé de renoncer à la boisson. Une médication qui serait imprudente à la hauteur des Pyrénées devient possible à 500 mètres plus bas.

L'action de l'eau sulfureuse étant connue, il reste à déterminer dans quelles conditions elle sera convenable ;

or, le bon état des poumons se mesure assez bien par le rhythme et l'ampleur de la respiration; sa maladie se juge à la fréquence, à la gêne des mouvements. 2° L'air expiré diminuant dans la même proportion que le champ de l'hématose, un phthisique ne peut plus respirer sur les hauteurs qu'en ayant un repos complet. Plus le tissu pulmonaire est hépatisé, dense, obstrué par les produits hétérogènes, moins il peut s'élever; par conséquent le chapitre de la pression, à laquelle on ne pense guère, est capital aussitôt qu'il existe un embarras de la respiration. Sous ce rapport, le spiromètre de Bonnet, qui apprécie la capacité respiratoire avec une sorte de rigueur, pourrait non-seulement fournir un précieux diagnostic, mais encore épargner des erreurs aux médecins et des regrets à leurs malades. Au début de la pulmonie, il peut être indifférent de gravir les Pyrénées, mais dans un état plus avancé, alors qu'il faut tenir compte de la pression et du climat, Allevard doit être conseillé. Quand les hauteurs ne sont plus accessibles, les eaux n'y sont pas tolérées. Un malade essayant avec peine et non sans danger quelques gouttes d'Eaux-Bonnes prendrait encore avantageusement l'eau d'Allevard; il la supporterait plus longtemps dans un milieu plus chaud, plus voisin du niveau de la mer.

On a souvent blâmé l'eau sulfureuse au second degré de la phthisie; assez de faits ont démontré qu'il est possible de l'enrayer et que le temps d'arrêt peut être définitif. Il n'est peut-être pas un médecin qui n'ait dans sa pratique au moins un exemple de ce genre; et cependant on doute encore! Certes, dans une maladie aussi fatalement envahissante, on serait justifié en s'attachant à cette voie, mais encore le stéthoscope et la plessimétrie ne prononcent pas toujours avec justesse, entre la phthisie et les affections non tuberculeuses du poumon; d'ailleurs, le pronostic nous appartient encore moins : en effet, si l'on voit terminées par la mort des maladies dont le début annonçait un état catarrhal, il est aussi des guérisons que l'auscultation faisait croire impossibles. J'ai bien des fois cité une mère de famille que m'avaient adressée les médecins de Lyon. Elle était au degré le plus avancé de l'hectisme, amené par le ramollissement d'un vaste amas tuberculeux, avec diarrhée colliquative, expectoration grise, purulente et d'une extrême fétidité; émaciation lente, pouls misérable, sueur froide et pâleur cadavéreuse... Cette malade, à la fin de l'hiver, avait pris un embonpoint remarquable et depuis plus de trois ans la guérison ne s'est pas démentie. J'ai reçu aux eaux d'Allevard une autre dame également parvenue à la période hectique : après un mois, elle se promenait dans les jardins, elle digérait facilement et dormait sans sueur. Ces exemples, que je pourrais multiplier, sont loin d'être la règle : admettons-les au moins comme des exceptions qui doivent nous apprendre à ne jamais désespérer.

Je ne sais pas si nous apprécions à sa juste valeur l'importance des eaux, mais il est avéré que tous les catarrheux qui fréquentent Allevard, s'y trouvent mieux en arrivant, qu'ils y laissent leurs maux et qu'en hiver ils toussent beaucoup moins. Cependant nous devons faire une grande part aux influences du climat. On peut aux eaux bien mieux qu'ailleurs et comme à la campagne, on peut à volonté s'isoler, se recueillir, accorder aux soins de la santé le temps que les affaires de la vie absorbent presque toujours. 2° La bonne saison du pulmonique est incontestablement l'été; la plus sûre médication est celle du mois d'août, et nous pensons que l'air est un auxiliaire indispensable au régime des eaux. Le malade qui fuit la ville est impressionné par l'aspect des hauteurs et par les distractions; il se repose avec plaisir à la fin d'une course accidentée qui lui donne une bonne opinion de sa force ; un surcroît de vitalité se fait sentir particulièrement vers les organes pectoraux qui reçoivent plus de sang, aussitôt que la pression ne fait plus équilibre aux vaisseaux capillaires. Cette excitation est aussitôt manifestée par l'appétit, le besoin d'activité, la facilité de la locomotion, et finalement par la stimulation qui peut aller jusqu'à la congestion.

Action sur l'appareil circulatoire. — La circulation est quelquefois exaltée par les sulfureux, les battements du cœur sont précipités, le pouls est plein, la respiration gênée ; il survient de la soif, un mouvement fébrile avec tendance à la sueur : on en conclurait à tort qu'il faut éloigner des eaux sulfurées les malades qui ont des palpitations. En effet, la plupart des pulmonies sont accompagnées de palpitations qui pourraient en imposer au médecin. Ces prétendues maladies du cœur disparaissent presque toujours avec le traitement qui fait passer la toux ; en d'autres termes, l'agent d'impulsion du sang revient à son état normal quand la circulation se rétablit dans les poumons devenus perméables.

Les troubles fonctionnels que l'on observe assez rarement semblent tenir à la constitution du malade, à la direction du traitement bien plus qu'à l'essence de l'eau qui, suivant les applications, peut donner des résultats bien opposés. L'acide sulfhydrique en faible quantité produit la sédation nerveuse et ralentit les mouvements du cœur jusqu'à éteindre la phlegmasie. D'autres fois, le malade est excité, parce qu'il veut gagner du temps, limiter sa cure ou dépasser les prescriptions. La gêne peut résulter de la fatigue ou d'un bain chaud, d'un bain trop plein, trop prolongé ; de la vapeur, de la pression du liquide ou de l'état de l'atmosphère auquel il faut s'habituer.

Évidemment l'endocardite et les affections du cœur ou des gros vaisseaux, l'anévrisme et l'hypertrophie tolèrent mieux, ou moins péniblement, les eaux faiblement minéralisées ; disons plutôt qu'elles s'accommodent beaucoup moins du traitement thermal que les autres maladies : aussi toutes les fois qu'il existe un trouble de la circulation, il faut savoir attendre et choisir les moyens doux et lents également éloignés des excès de chaleur et de froid ; le régime et le repos, les laxatifs diurétiques, la digitale et le petit-lait, le bain de siége et la douche locale qui sont exempts de réaction ; enfin quand l'éréthisme est mis en jeu, le bain de lait suffit le plus souvent pour abaisser le mouvement circulatoire ; 2° les palpitations développées sous l'influence d'un principe débilitant, tel que la chlorose et l'anémie, sont promptement modifiées par le bain sulfureux. On y parvient plus aisément quand on a pu tonifier en donnant à la nutrition l'énergie qui faisait défaut ; cette action appartient éminemment au régime des eaux.

Action sur l'appareil cutané. — La modification qui nous paraît la plus ordinaire est celle des téguments ; elle est aussi la plus importante ; en effet, c'est en activant la circulation et la vie de la peau que l'on peut enrayer non-seulement les dermatoses, mais encore le vice rhumatismal et l'œdème et les affections de la muqueuse pulmonaire. Pour la plupart de ces maladies, le secret de la guérison est de porter à la périphérie le travail exagéré que l'inertie des téguments concentrait sur les organes.

Nous retrouvons ici l'effet local et immédiat des eaux sulfurées : l'excitation ou le calme de la peau, l'hypérhémie du tissu vasculaire et la fluxion. La circulation capillaire est augmentée, la transpiration insensible se rétablit, et par suite du mouvement qui se fait vers l'appareil tégumentaire, on voit naître des éruptions qui varient suivant la diathèse éveillée par le stimulus ; toutefois la poussée que l'on obtient avec facilité n'est pas commune à Allevard ; les maladies que l'on y traite ne l'exigent pas. Nous disposons de ressources trop variées pour la rechercher, et les bains ne sont pas en général assez nombreux pour la déterminer.

Rappelons ici que la médication sulfureuse est capable de fixer, mais non toujours, sur la nature et le diagnostic des affections dartreuses. Un malade, effrayé par l'apparition d'un érythème noueux parce qu'il redoutait un retour de syphilis, fut rassuré en découvrant que l'éruption n'avait pas de caractère spécial. Tous les auteurs ont signalé, en lui donnant trop de portée, le génie révélateur que possèdent les eaux ; nous nous contenterons de le mentionner.

Les bains excitent quelquefois un prurit fatigant, comme on le voit lorsque la peau vient à subir un excès de vitalité : j'ai vu, après le premier bain, les téguments couverts d'une éruption vésiculeuse entièrement dissipée les jours suivants.

On comprend les effets que doivent avoir sur les poumons, la liberté des absorbants et de la peau, le retour des sécrétions abolies depuis longtemps. Lorsqu'il n'existe pas de produits hétérogènes, la fluxion qui s'opère à l'extérieur atténue, en le disséminant, le travail que supportait la muqueuse bronchique. La fluxion est détournée, la toux se calme et les crachats sont moins abondants. C'est quelquefois au détriment des organes, et même de la peau, lorsque la pulmonie avait suivi de près une affection dartreuse. Elle revient alors à son point de départ et la maladie simplifiée cède plus aisément à la sulfuration.

Action sur l'appareil digestif. — Un grand nombre de baigneurs en traitement pour une affection étrangère aux organes digestifs, sont étonnés de retrouver l'appétit qu'ils avaient perdu. C'est qu'après le changement d'air, le régime et les distractions, l'acide sulfhydrique est le plus sûr moyen de combattre sans danger les formes si variées de la dyspepsie qui souvent est la cause ou le point de départ de la tuberculose.

L'eau d'Allevard contient de plus une assez forte proportion d'acide carbonique et lui doit une part de ses propriétés ; il masque un peu la saveur hépatique et la rend plus digestible. Il est donc à regretter que les gaz abondants au griffon et si bien appropriés au traitement des gastralgies soient à peu près perdus à la buvette.

L'eau naturelle étant plus énergique et souvent mieux supportée, c'est à la source qu'il faudrait envoyer les maladies chroniques de l'estomac; mais chez les catarrheux elle prend quelquefois à la gorge et provoque la toux. Nous la donnons d'abord à 25°; plus chaude, elle est privée d'acide carbonique et moins oxygénée; elle pèse et fatigue ainsi qu'une tisane après l'ébullition. Ingérée brusquement ou en trop grande quantité pour être insalivée, elle occasionne du dégoût, des gonflements, des éructations, du pyrosis, des nausées, des vomituritions, et finit par purger : toutes choses qui sont dues à l'intoxication de l'hydrogène sulfuré.

Les enfants recherchent presque tous l'eau sulfureuse avec avidité; quelques personnes éprouvent au contraire une aversion qui dépend de l'odeur; on s'y habitue sans peine avec la précaution de la tempérer, d'avaler plus lentement et d'espacer les doses, de les faire précéder par une tasse d'infusion de lait ou de bouillon. Il est reconnu que les substances nutritives facilitent le plus la digestion. Les baigneurs avaient une répugnance invincible pour les aliments et ne digéraient plus quand ils buvaient avant le repas : pour obtenir la tolérance, il a suffi de changer la température de la boisson et de la prendre par gorgées.

L'eau sulfurée perd nécessairement aux additions; il ne faut la couper que par nécessité, pour atténuer l'action de l'acide sulfhydrique et prévenir la fatigue ou la diarrhée. Nous n'approuvons jamais le mélange ayant pour but de plaire au goût.

On peut boire à la buvette, à l'inhalation chaude, à la douche et au bain, dans sa chambre et au lit; il est bon de se promener chaque fois, pour aider le mouvement d'absorption qui assure les effets de la sulfuration. Le traitement commence à l'introduction du liquide et finit par l'élimination.

Dès les premiers jours la faim se fait sentir, la digestion

est plus facile ou plus complète; il en résulte un sentiment de force et d'énergie. Quelquefois on accuse un appétit fort exigeant et un sommeil de plomb; plus tard, une sorte de plénitude a remplacé le besoin de réparation : alors la constipation cède ou fait place à la diarrhée qui est bien moins fréquente, et le sommeil est agité. Le plus souvent le bien-être continue sans modification des actes digestifs.

Action sur le système nerveux. — L'effet produit sur les centres nerveux dépend surtout de l'acide sulfhydrique. On observe ordinairement une excitation générale, un agacement qui n'a rien de pénible, et qui peut se manifester par le besoin de locomotion, l'impatience et l'inégalité d'humeur, puis enfin par une sensation de force et de bien-être général qui n'exclut pas la sédation. Il y a quelquefois de la céphalalgie, avec stimulation de l'intelligence et des sens, y compris le génésique, une sorte d'animation ébrieuse et comparable à celle de l'acide carbonique ou du café; des rêvasseries, des hallucinations allant jusqu'au somnambulisme.

C'est surtout après le bain que la sédation se fait sentir; mais il produit un effet tout contraire, alors qu'il est trop chaud. Le baigneur est énervé, il se réchauffe à peine et sa démarche est mal assurée; il manque de réaction. La prudence veut donc que la température et la sulfuration soient mesurées aux forces du malade. En général, plus il est faible, moins il peut supporter la chaleur et la saturation : mieux vaut rester en deçà des limites que les dépasser.

Action sur l'appareil génito-urinaire. — L'eau d'Allevard n'est pas assez chaude, on ne la prend jamais en assez grande quantité pour obtenir une action bien marquée sur la vessie. Toutefois, les reins sont stimulés, soit par l'air, soit par le soufre, alors surtout que le cœur en éprouve un effet sédatif. Après le bain, l'urine est plus aqueuse, abondante, et d'autant plus claire que les bains sont moins chauds... Après quelques jours de traitement elle charrie du soufre et produit un dépôt sédimenteux; quelquefois elle est rouge, irritante, au point d'occasionner un certain degré d'incontinence. Dans tous les cas, elle contient une plus grande quantité de détritus organiques; la médication sulfureuse entraîne une absorption plus énergique, un travail dépurateur qui contribue au traitement des maladies chroniques.

Il est à peine utile d'énoncer que les affections des voies urinaires sont moins passagèrement excitées par la sulfuration; mais nous avons vu le catarrhe vésical amendé par les bains, et sans doute aussi par l'effet révulsif opéré sur la peau. L'état catarrhal est quelquefois sous la dépendance de l'herpétisme et cède mieux au traitement qui combat la diathèse.

La même action se remarque avec plus d'intensité sur les organes génitaux. Ainsi que tous les excitants, l'eau sulfureuse éveille plus ou moins, et la force vitale, et le sens génésique; elle produit de l'agitation, des rêvasseries, des mouvements déréglés; les plaisanteries de mauvais goût n'ont pas manqué sur ce point si digne d'attention, et les eaux n'ont pas eu les honneurs de tous les résultats qu'elles ont amenés. Il est certain que les pertes séminales sont fréquentes chez les sujets atteints de maladies chroniques; mais si elles augmentent les premiers jours, elles s'éloignent à mesure que la sulfuration fait cesser l'atonie. Aussi nous pouvons affirmer avec l'autorité des faits bien observés que l'eau sulfureuse est un des agents les plus capables de modifier ce que le monde a nommé faiblesse des reins; les pertes, l'incontinence des enfants...

Les fonctions périodiques sont activées par l'eau sulfureuse; elle cause des pesanteurs, de la gêne dans les mouvements; l'utérus est congestionné, douloureux, il excite un trouble nerveux; ses maladies reparaissent quelquefois et s'apaisent bientôt. La menstruation est abondante; il n'est pas rare qu'elle paraisse deux fois pendant un traitement commencé deux ou trois jours après la cessation. L'évacuation n'est jamais affaiblie, à moins que la précédente n'ait été exagérée par l'atonie; elle est souvent normale ou fournit un sang plus riche. Nous avons vu la fonction se rétablir après cinq ans d'aménorrhée, avec un retour de fraîcheur qui semblait à jamais perdue.

Les maladies chroniques de l'utérus qui n'ont rien d'organique et sont liées à l'état général afflueraient à Allevard si l'on savait avec quelle facilité la matrice obéit à la sulfuration. Le stimulus qui pousse au travail menstruel peut l'augmenter, le rétablir, le régulariser quand la malade est faible, et conjurer l'hémorrhagie chez celles qui manquent de ton.

Les femmes conçoivent plus facilement, non pas durant la saison des eaux comme on se plaît à l'avancer, mais à l'issue du traitement.

Application à la phthisie. — Plusieurs confrères m'ont demandé si les eaux d'Allevard convenaient au traitement de la phthisie; je réponds affirmativement avec la conviction d'une expérience personnelle :

L'eau d'Allevard, bien administrée, peut enrayer la marche de la phthisie, aider à l'expulsion du tubercule et soulager encore dans la période hectique.

Reconnaissons que l'eau sulfureuse est propre à guérir les altérations du poumon qui résultent de la phlegmasie, le catarrhe, la bronchorrhée, l'engouement, l'induration qui sont le cortége ordinaire et souvent l'origine ou le foyer de la phthisie. Ces manifestations essentiellement curables suivent exactement les phases de la maladie, et leur diminution marque toujours un progrès vers la guérison; il est rare qu'elles ne soient pas en bonne voie, quand on a pu les dominer en changeant la constitution.

Qu'elle soit héréditaire ou acquise, éventuelle, expression de la scrofule ou de l'inflammation, la phthisie est susceptible de guérir à tous les degrés sans qu'on puisse établir *à priori* les cas qui se prêtent le mieux à une bonne issue.

J'entends une guérison relative et compatible avec la vie, mais point la guérison complète avec réparation du tissu pulmonaire et ne laissant aucune trace ; il est impossible, en effet, que la cellule tuberculisée devienne perméable, et que le sang y soit oxygéné. Là où le tubercule existe, il n'y a plus de cellule, mais seulement un produit de sécrétion, un corps étranger qui use et s'accroît aux dépens des corps environnants. Il ne possède pas de caractère spécifique ; aussi le danger n'est point absolument dans la tuberculisation, mais bien dans l'étendue du corps envahissant qui met obstacle à l'hématose, en sorte que le terme de l'existence est marqué par l'asphyxie.

Cette guérison a lieu dans une proportion qu'il ne faut pas chercher dans les centres populeux, encore moins dans les salles d'hôpital, mais seulement dans un air pur et dans les conditions d'une bonne hygiène. Elle a lieu plus souvent quand la constitution vient à se modifier ; alors, la nutrition se faisant mieux, l'engorgement peut se résoudre autour du tubercule, et finit par laisser un suffisant espace à la respiration.

A moins d'admettre une préexistence absolument fatale en opposition avec les faits, on peut donc espérer de neutraliser la cachexie, la prévenir ou borner ses manifestations. Après un changement d'hygiène ou de climat, par le fait d'une éruption, d'un émonctoire ou d'une crise, il n'est pas rare d'obtenir un temps d'arrêt, de tolérance ou de séquestre.

L'infection tuberculeuse est générale ; on ne la conçoit point sans la diathèse qui précède, et le catarrhe et le marasme qui la suivent. Les éléments dont nous avons parlé, qui sont les matériaux et le terrain des productions hétérogènes, gardent toujours une mutuelle dépendance et dominent suivant des circonstances peu connues. On a fait beaucoup quand on a pu en dégager un seul, et la phthisie, délivrée de ses complications, réduite à la plus simple expression, il n'y a plus qu'une matière sécrétée, amorphe, soluble et n'entraînant point nécessairement la fièvre hectique. Le noyau peut être éliminé, absorbé, aussi bien que les tumeurs, les engorgements, le pus extravasé, la lymphe et le sang coagulés, les os, le col et certains corps déposés au sein de l'organisme. Aussitôt que le sang est devenu plus riche, l'absorption, impuissante jusque-là, s'exerce en toute liberté sur l'élément morbide ; aussi le tubercule autour duquel une circulation régulière s'établit, n'est-il plus un centre de fluxion ; il demeure isolé, en dehors de la nutrition générale, en vertu de la tolérance acquise aux corps étrangers fournis par les humeurs, à la balle implantée dans les tissus vivants. Il y a cette différence, que le projectile a pénétré dans un organe sain; aussi le traitement de la phthisie consiste-t-il à ramener le tissu pulmonaire aux conditions normales de la vie.

Après la fonte, et dans la cavité qui succède au tubercule, une membrane celluleuse est organisée, qui tapisse les parois, qui les rapproche et devient le canevas du tissu cicatriciel quand le travail est soutenu. C'est l'origine des concrétions, des corps fibreux trouvés chez des sujets dont la tuberculisation n'était pas même soupçonnée.

La phthisie est un état constitutionnel que l'on produit à volonté chez tous les animaux en viciant leur nutrition. Bien avant le tubercule, il existe une altération du sang, une cachexie qui est l'opposé de la pléthore artérielle, et son point de départ est quelquefois un trouble digestif, une maladie par faiblesse, insuffisance de réparation ; l'anémie, la chlorose, la dyspepsie, les pertes séminales..... et le dépérissement peut donner la mesure du mal; aucun état ne l'amène aussi vite, et le retour de l'embonpoint annonce infailliblement le retour à la santé. Nous comprenons ainsi la puissance des moyens qui, s'adressant à l'organisme entier, reconstituent le fluide sanguin.

Aidée par un air tempéré, l'eau sulfureuse est en quelque sorte spéciale aux affections chroniques des poumons, et, parmi ses applications, la plus rationnelle est encore l'inhalation qui porte immédiatement le principe soufré sur la partie malade. Ajoutons que l'eau d'Allevard n'a pas les inconvénients des stations élevées, elle n'expose pas au crachement de sang, elle excite rarement les contractions du cœur, elle apaise la toux et peut réussir encore, quand d'autres eaux ne sont plus applicables : en effet, tandis que le pulmonique ne saurait se mouvoir sur les hauteurs sans transpirer avec excès, il respire aisément et peut prendre un exercice modéré dans un site où la pression suffit à l'hématose.

Application à l'herpétisme. — La médication sulfureuse est celle des maladies où le vice herpétique est entré comme cause ou comme effet, ainsi que toutes les diathèses reconnues, et, pour ne parler que d'une seule, l'herpétisme est un vice affectant l'organisme et jouant un rôle capital dans les états chroniques. Ne procédant pas comme l'inflammation qui souvent l'exaspère ou le déplace, il obéit à des influences générales spécifiques, sidérales, quelquefois périodiques. Il porte son expression dans un système, un appareil déterminé; puis tout à coup fait explosion, se substitue à d'autres maladies, s'efface ou se généralise. Il peut encore se modifier, se transformer, se jeter alternativement sur un organe ou sur un autre; il se cache partout, et, devenu constitutionnel, il ne laisse pas toujours une empreinte visible; mais ce qui nous empêche encore plus de le saisir, c'est qu'il est propagé par voie d'hérédité sans garder la livrée du vice primitif. Il peut se développer dans une sorte d'incubation, et sous une forme étrangère. Il compromet la vie avant d'avoir montré ses caractères distinctifs.

L'herpétisme n'atteint pas moins les muqueuses que la peau, le tube digestif et l'utérus, les tissus parenchymateux, les os, les articulations et la pulpe nerveuse. On voit souvent des érythèmes, des vésicules, des herpès, des congestions se propageant de la face au larynx, à l'oreille moyenne, aux organes génitaux. Les granulations de l'utérus peuvent être herpétiques, l'eczéma se transmet au pharynx, au canal aérien, pour implanter le coryza, l'angine, la bronchorrhée, quelquefois même un travail pathologique, une sécrétion pouvant déterminer les symptômes de la phthisie. Telle peut être quelquefois l'origine des leucorrhées, des pertes séminales, des laryngites, des bourdonnements, des surdités, des tics douloureux, de la dyspepsie, de l'hypocondrie, des névroses, des consomptions.

On comprend ainsi 1° la guérison par les sulfureux des pulmonies réputées incurables, 2° les résultats inespérés que l'on peut demander au traitement dépuratif chez les sujets atteints de dermatoses. Il suffit d'observer une trace et quelquefois un souvenir d'herpès, pour insister sur la médication qui peut atteindre un principe douteux.

Les médecins, qui ne peuvent pas se déplacer, voudraient être fixés sur la valeur des eaux et leurs indications; mais dans un établissement pourvu des ressources balnéaires, dans un climat qui est lui-même une vraie médication, est-il possible de préciser les résultats que l'on peut espérer de moyens variés aussi différents que la douche et la boisson, que l'inhalation froide et le bain de vapeur...? Tout dépend de l'à-propos et de l'inspiration qui n'admet pas de règle. Nous avons mentionné les effets obtenus dans les divers états de l'utérus qui pèche par excès ou par défaut; il en est ainsi pour les affections du cœur et celles du poumon. L'inhalation froide est loin de convenir aux mêmes fins que les étuves; le bain de lait ne ressemble guère aux sulfureux... etc. En faisant un programme, on risque de tomber dans les extrêmes qu'on reproche aux médecins des eaux, la sobriété dans les indications ou la banalité. Notre source tonifie, elle active la nutrition, elle ajoute aux forces de la vie;

enfin, contrairement aux composés salins qui agissent par l'irritation portée sur la surface digestive, elle détermine un mouvement périphérique, elle fixe l'équilibre entre la peau et la muqueuse, entre la perspiration pulmonaire et celle des téguments. C'est par un effort d'expansion qu'elle active la circulation et les autres digestifs, qu'elle dissipe les douleurs, les engorgements, les éruptions cutanées, les sécrétions muqueuses. Telles sont les données que doit peser le médecin pour résoudre un problème qu'il s'est donne.

D'ailleurs, comme toutes les eaux sulfurées, celle d'Allevard convient de préférence aux sujets lymphatiques, aux maladies arrivées à l'état chronique ou dérivant de l'herpétisme, à la cachexie scrofulo-tuberculeuse. Elle est contre-indiquée aussi longtemps que la fièvre persiste, et pour cela le pouls est un guide assuré. Les affections qui m'ont paru se modifier le plus communément sont celles de la peau, de la muqueuse laryngée, l'angine, le coryza, le catarrhe, l'aphonie... Quelques médecins s'attachent à l'idée que les sels alcalins, s'ajoutant aux noyaux des produits hétérogènes, pourraient déterminer ces amas crétacés ayant pour but la guérison, l'immobilisation des tubercules.

Le temps n'ayant pas prononcé, loin de nous la pensée que la source d'Allevard ait dans les maladies des os, la carie, l'arthrite, les vieilles plaies, l'efficacité que l'expérience a consacrée pour celles de Barèges; mais elle peut être propre aux affections chirurgicales pour des malades que leur faiblesse ou la longueur du voyage éloigneraient des Pyrénées.

Les enfants des grandes villes se fortifient par l'usage de nos eaux qu'ils boivent avec plaisir. Le hasard m'en a fait rencontrer un certain nombre ayant eu le croup, et j'ai pu m'assurer qu'ils perdaient la sensibilité de la muqueuse; il est vrai que je m'attache à préserver du froid les jambes des enfants qu'une fâcheuse mode expose trop aux rigueurs de l'hiver. On dirait que le croup s'est montré plus souvent depuis que cette importation écossaise est en faveur.

CHAPITRE IV

CONSEILS AUX BAIGNEURS.

Tandis que la gelée détruit les propriétés de l'eau sulfurée, la chaleur les développe en dégageant l'acide sulfhydrique. Tant qu'il fait chaud, le soufre est incessamment éliminé par la transpiration, mais le froid le retient sur les muqueuses qui sont déjà congestionnées par le refoulement concentrique des humeurs : voilà pourquoi les accidents déterminés par les sulfureux sont plus communs pendant l'hiver. La saison convenable pour les eaux est donc celle de l'été ; le temps sec est le meilleur et les jours pluvieux ne permettent le bain qu'avec de grandes précautions.

La gorge où l'établissement est situé court nord et sud ; elle est défendue contre le vent par le mont Ouvrard et par Brame-Farine, en sorte que l'immobilité de l'atmosphère occasionne quelquefois des chaleurs très-pénibles, qui toutefois sont loin de nuire au traitement. Dans une chambre ouverte au sud-ouest, le thermomètre indiquait au milieu de juillet une moyenue de 25 à 27° centésimaux.

Le climat d'Allevard est remarquable par la douceur et par l'égalité de sa température ; on n'y voit ni serein, ni brouillard et la chaleur ne varie pas comme dans les Pyrénées. En exceptant les jours de pluie qui se font quelquefois désirer, l'air n'est pas froid dans la vallée ; il subit rarement des commotions et les baigneurs se promènent sans danger le matin et le soir jusqu'à la nuit. Cependant, vers les 7 ou 8 heures, s'élève du Breda une brise assez fraîche qui tourbillonne et parcourt le bassin; à cette heure, et pour quelques instants, il convient d'abandonner la cour et les jardins, mais la vaste galerie de l'hôtel principal n'est pas alors un abri suffisant.

L'air pur et vivifiant, comme sur les hauteurs, suffirait pour augmenter l'énergie des actes vitaux déjà surexcités par l'abaissement de la pression. Le soleil se lève tard et se couche de bonne heure, enfin les chutes du torrent laissent évaporer une poussière d'eau qu'on respire sur ses bords, et qui se voit par un beau jour. Il faut l'interdire absolument aux baigneurs qui s'enrhument souvent et qui auraient une vive sensibilité de la muqueuse pulmonaire.

Pour ces motifs, il serait quelquefois prématuré de soumettre à la sulfuration, un malade affaibli; transporté subitement dans l'atmosphère des hauteurs et surmené par les fatigues de la route, il ne doit aborder les eaux qu'avec prudence et seulement quand le repos a ramené le calme de l'état normal.

Bien que les matinées soient modérément fraîches, au moins jusqu'au milieu d'août l'impression du froid est d'autant plus sensible que la sulfuration est plus complète. Il convient de s'habiller plus chaudement le soir et le matin, de se couvrir de laine au moins pendant la cure et nous voudrions faire adopter le manteau de flanelle en usage au mont Dor.

Il faut que le baigneur se considère en tout comme un malade et subordonne le plaisir au soin de la santé. Après la douche et l'étuve ou le bain il devra se faire transporter dans sa chambre et ne sortir qu'après avoir passé au moins une heure au lit. Je compte peu sur le bain quand il n'est pas suivi de sommeil ou de repos.

Il y a des moments de fièvre ou bien d'excitation pendant lesquels il est bon de cesser le traitement; il est sage de le modérer quand on éprouve de la gêne; on peut aussi se reposer aussitôt qu'il arrive un mieux notable : dans ce cas une plus longue excitation pourrait nuire aux effets obtenus. Jamais on ne regrettera de procéder avec lenteur, et les impatients ne savent pas assez que le temps est nécessaire à la médication. Un malade veut l'activer parce qu'il n'éprouve aucun effet sensible, il est rare qu'il s'en trouve mieux; un autre est affaibli, il a de la fièvre ou de la toux, une dose atténuée ferait baisser le pouls; si vous l'exagérez, l'éréthisme s'accroît, la fièvre est exaspérée, la fluxion peut déterminer une jetée tuberculeuse. Tel baigneur qui respire aisément l'atmosphère sulfureuse à la température ordinaire est incapable de supporter la chaleur d'une étuve, il est épuisé par la sueur, il suffoque, il est pris de toux, de congestion, d'hémoptysie : à qui la faute? le seul accident de ce genre observé sous mes yeux s'est présenté chez un indigent qui voulut se soumettre à l'aspiration chaude *afin d'aller plus vite.*

On fait aux eaux des repas copieux qui ne sont pas toujours en rapport avec les besoins : la faim est excitée par l'air, le traitement, la société, par le nombre et la variété des mets; on attribue à la sulfuration des accidents qui n'auraient pas lieu si l'estomac n'était pas surchargé. Avec un peu de sobriété nous verrions beaucoup moins de troubles digestifs et d'insomnies. Il vaut mieux retrancher quelque chose au repas du soir qu'aux prescriptions; c'est l'opposé que l'on fait ordinairement, comme si l'intégrité des organes digestifs n'importait pas à la médication. Sans proscrire absolument la glace, il faut savoir qu'elle excite la toux, et qu'elle peut troubler la digestion quand on ne la prend pas avec les aliments. Le vin pur est irritant pour les gosiers malades; la pâtisserie ne devrait pas entrer dans l'hygiène du baigneur et la gastralgie cède facilement au régime composé d'un petit nombre de substances de facile digestion. En ménageant l'estomac, en tenant compte des appétits, des goûts, des habitudes contractées, on pourrait assurer le repos de la nuit. Le malade est en bonne voie quand il digère et dort paisiblement.

Dans toutes les stations d'été, ce qui vaut encore mieux que les eaux, c'est l'air pur et la vie extérieure ; on oublie trop l'importance de l'aération dans le traitement des maladies chroniques, surtout des pulmonies. Le bon état d'un appareil ne peut se rétablir sans le secours de son excitant propre ; or, l'excitant de l'hématose est sans comparaison le plus indispensable, et ce besoin si impérieux est encore augmenté par le progrès du mal. C'est donc à l'aliment gazeux que le catarrheux doit demander sa guérison ; il doit le rechercher au dehors et dans son habitation. Sa chambre à coucher sera bien ventilée, grande, claire et pourvue de cheminée. Ses vêtements seront en laine, chauds, légers, assez grands pour laisser librement passer l'air, et la peau respirer. On comprend l'obligation de se promener aux eaux, de vivre à l'air et non dans l'atmosphère méphitique d'une salle de réunion ; de faire chaque jour un exercice mesuré par sa force et le progrès vers la guérison, assez prolongé pour favoriser le mouvement et la sueur, jamais assez pour être fatigant.

La douceur et l'uniformité sont, ainsi que le disait Bonnet, les caractères des agents qui peuvent maintenir la liberté de nos fonctions : le calme est donc la condition la plus utile aux organes souffrants ; l'air que respire un poumon phlogosé doit être pur et tiède. On y satisfait en vivant au dehors autant qu'il est possible, en se couchant de bonne heure, en évitant les commotions, les excès de toute espèce et les travaux d'esprit qui peuvent augmenter l'éréthisme nerveux. Ce conseil est de rigueur pour les jeunes personnes qui sont habituées à la vie de famille, pour celles dont la croissance est pénible ou trop hâtée par l'existence du grand monde, pour les malades qui ont des palpitations, des hémorrhagies, des congestions ou des vertiges.

Le bal est en quelque sorte un mal qu'on ne peut empêcher; il est absolument interdit aux jeunes gens qui ne peuvent, sans danger, respirer un air impur et chaud, qui toussent, qui sont oppressés, qui s'agitent la nuit. Il est facile d'en juger, car on les voit pâlir subitement quand ils entrent dans la salle. Toutefois le sommeil prolongé qui convient à la femme, à l'enfant, à tous les êtres faibles ou adolescents, nuirait à certaines constitutions, aux vieillards qui se trouvent mieux de la station verticale et des veilles modérées.

Le meilleur exercice est celui qu'on fait à pied; les chemins horizontaux sont les terrains de l'asthmatique; une ascension facile ne peut nuire au baigneur quand il sent s'agrandir le champ de la respiration. Pour celui qui ne peut pas marcher, le mouvement de la voiture et du cheval est salutaire, et cette locomotion permet des distractions qui ne sont pas à la portée des promeneurs; mais il faut éviter les allures trop vives qui agitent, qui précipitent la respiration, suppriment la sueur et provoquent la toux. Ajoutons que le cheval fatigue beaucoup les reins par les secousses qu'il donne à la descente et aux montées.

Il est des baigneurs qui affectent de ne pas croire à la vertu des eaux; ce sont ordinairement les plus crédules, les esprits faibles qui donnent leur confiance aux remèdes vulgaires. D'autres, s'imaginant que l'usage des eaux peut être indifférent, mesurent leur espoir de guérison à la quantité du liquide absorbé, au chiffre de leurs bains, encore plus qu'à leur direction. Il en est qui veulent achever la cure en quelques jours, à l'époque déterminée, sans s'inquiéter du temps, de la tolérance ou de la maladie, ainsi qu'une échéance, une affaire d'intérêt qu'on pourrait mener vite avec un peu d'habileté. La plupart n'obtiennent pas le bien qui leur était promis; en dépassant le but, ils aggravent leurs maux par la fatigue inhérente à la sulfuration.

Le peuple aime la drogue ; il veut que la médication se traduise énergiquement par des effets sensibles, des crises, des sueurs, des sécrétions qui doivent éliminer tout ce que les humeurs contiennent de nuisible. Cela est vrai jusqu'à un certain point, mais il faut que le traitement soit avant tout proportionné à l'énergie du mal et à la force du sujet. Le médecin seul est juge en pareille matière, et la méthode a la plus grande part au traitement. Quand elle fait défaut, il arrive ce que produit un médicament dont on use en aveugle. Toute infraction à la règle est un dommage ; il est dangereux de hâter la médication, de se saturer de principes sulfureux, de prendre les eaux sans conseil ni direction ; il est imprudent de se fatiguer après le bain, de s'exposer au vent, de contrarier le mouvement qui se fait vers la périphérie. On devrait éviter de voyager quand on quitte les eaux, parce que l'économie est pour longtemps encore sous l'influence des sulfureux. Pendant un mois après les bains une médaille appliquée sur la peau est promptement noircie par l'hydrogène sulfuré. Il importe beaucoup que les modifications opérées par le soufre et la chaleur s'épuisent lentement et sans interruption. En conséquence, nous blâmons le baigneur qui se met en campagne après la cure et profite de sa liberté pour entreprendre un voyage sans fin, des excursions vers les hauteurs, qu'on ne fait pas impunément dans l'état de santé. Or ce n'est pas la fatigue et le mouvement qu'il faut craindre dans les ascensions, mais plutôt le changement de température et le froid qui est absolument contraire à la médication. Il n'est donc pas étonnant que des malades éprouvent au retour de la fatigue et des douleurs qu'on attribue aux eaux ; il en serait tout autrement s'ils savaient se contenter d'un exercice modéré.

Voici pour nous une question fort importante en hydrologie. Il ne convient pas de compliquer le traitement que suivait le malade avant d'être soumis au régime des eaux. Celui-ci constitue, à lui seul, une médication générale essentiellement hygiénique, ordonnée, combinée à la suite de nombreux essais. Le médecin des eaux ne pourrait sans témérité substituer son idée propre à celle du médecin traitant ; il doit, dans tous les cas, accepter la prescription, s'y attacher, l'employer seule et subordonner toute chose au traitement dont les effets arriveront plus tard. Cependant il lui appartient de surveiller l'action des eaux, de la conduire avec la pensée de remplir une indication de la manière la plus simple, la plus complète et la plus utile à son malade, on pourrait quelquefois obtenir la tolérance au moyen de quelques précautions ; celles que l'on doit préférer sont : 1° le repos, l'interruption de la douche et du bain, de l'eau, des inhalations ; 2° les pédiluves, les bains aromatiques, ceux d'eau douce et de lait ; 3° les sédatifs, la digitale et les boissons nitrées.

On demande souvent quelle sera la durée de la cure, et généralement on la porte à vingt jours, comme si ce nombre exact emportait un avantage spécial. Le moindre inconvénient de ce calcul, est que le malade en fait presque toujours une question de temps. Une saison de bain ne peut être fixée d'avance et limitée, non plus que la longueur d'une maladie, la tolérance des sulfureux et les ressources de l'organisme. On pourra, suivant le cas, ordonner un traitement sérieux, le prolonger, le doubler plus rarement, ou le borner à quelques jours, aux plus faibles quantités d'eau. Non-seulement on ne doit pas promettre un soulagement immédiat, mais encore une médication instituée d'abord avec sagesse et forcément modifiée par des éventualités que rien ne fait prévoir. J'ai fait prendre chaque jour et pendant toute la cure, un bain, une douche, une étuve à température élevée. J'ai réussi en donnant deux douches dans la matinée. J'ai vu partir entièrement guéri en dix-huit jours un malade affecté de laryngite et d'aphonie complète. Après avoir usé des précautions qui peuvent assurer le bon effet des eaux, il faut encore graduer le traitement, le suspendre ou le modérer s'il occasionne de la gêne, le prolonger aussi longtemps qu'il en est besoin pour obtenir, sur les lieux mêmes, ou bien après la cure, la plus grande somme de bien-être possible. On subit quelquefois un temps d'arrêt nécessité par la fatigue, une sorte de fièvre de sulfuration, laquelle, en raison du climat, se réduit ordinairement à sa plus simple manifestation. Quelquefois un repos d'un jour, une course un peu longue est le meilleur moyen de poursuivre un traitement qui agite ou produit un excès de fatigue, et tout le monde a éprouvé que l'exercice est plus facile et bien mieux supporté vers la fin du traitement.

STATIONS D'HIVER.

Tout n'est pas dit pour le tuberculeux quand on a épuisé le chapitre des eaux ; il faut encore lui donner en hiver le repos et l'air tempéré qui constituent la véritable cure. A celui qui a besoin d'un traitement sérieux il n'est pas indifférent d'éviter quelques degrés de froid, de fuir l'humidité, le brouillard, les brises de la mer, et la neige, et la pluie : or les stations d'hiver, beaucoup plus importantes que celles de l'été, sont encore moins connues, en sorte que le malade est envoyé presque indistinctement sur tous les points. Nous croyons être utile en offrant, avec nos réflexions, les motifs qui peuvent éclairer sur le choix d'une station.

Après avoir étudié la pulmonie sous des latitudes variées, dans la famille et dans les hôpitaux, à peine débarrassé d'une affection grave et contractée sous l'équateur, je me suis fait une opinion qui peut conduire au traitement rationnel. En deux mots : beaucoup de maladies qui ne sont point tuberculeuses finissent comme la phthisie. Le tubercule est une manifestation de cachexie ; il se produit quelquefois accidentellement en dehors de l'hérédité ; souvent il est compatible avec la santé ; pour obtenir la tolérance ou la guérison il est indispensable d'assurer avant tout l'hématose et la nutrition, et c'est uniquement vers les régions moyennes que les tuberculeux des deux hémisphères doivent être dirigés ; dans tous les cas, je repousse avec énergie les climats équatoriaux et la navigation.

CHAPITRE PREMIER

LA MER, LES PAYS CHAUDS, LA MÉDITERRANÉE, L'ÉGYPTE, MADÈRE, LA SICILE, VENISE, L'ITALIE, ETC.

Examinons d'abord cette question qui n'est pas encore nettement résolue pour tous les médecins : la mer et les pays chauds. J'ai toujours vu dans nos stations, des matelots destinés aux colonies parce qu'ils étaient menacés de tuberculisation ; ceux-là ne revoient plus la France, et beaucoup de soldats marins sont affectés de pulmonie avant la fin de leur congé ; on recrute ainsi pour l'hôpital en chargeant l'effectif de non-valeurs qui ne paraissent pas sous les drapeaux : cela vient de ce qu'au point de vue de la prophylaxie, on confond les pays chauds avec les tempérés.

Dans les parallèles moyens, la richesse du sang est relative à l'énergie de la respiration ; vers l'équateur, le soleil émettant des rayons verticaux pendant toute l'année, il existe une démarcation moins tranchée dans les saisons, ce qui donne un caractère propre à la terre, à la végétation, aux tempéraments et jusqu'aux maladies ; la combustion pulmonaire y est insuffisante à la neutralisation des principes carbonés ; le sang est appauvri par défaut d'oxygène et le nouveau débarqué, promptement épuisé par les sueurs, va perdre avec sa capacité respiratoire, et sa coloration, et sa force physique ; en s'acclimatant il subit un premier degré de consomption et d'atrophie.

Mais l'air tropical n'est pas seulement dilaté par le calorique ; il est encore imprégné de vapeurs, de miasmes végétaux qui ne sont pas inoffensifs ; car l'impaludation conduit à la phthisie. Les navigateurs, abordant aux colonies, pensent tomber dans la cour d'un hospice, et tout ce qu'ils peuvent espérer dans les meilleures conditions, c'est de ne pas mourir. L'homme doué d'une résistance exceptionnelle échappe seul à cette loi. Ne sait-on pas que les familles créoles n'ont jamais pu multiplier sans croisement ?

Les maladies chroniques du poumon sévissent dans les pays chauds; leur fréquence est partout en rapport avec l'humidité, et cette relation se maintient dans le Nord. La phthisie, peu commune en Russie, dans la Norwége et dans le Danemark, est très-fréquente en Angleterre, en Belgique et dans les Pays-Bas. A Cayenne et au voisinage de l'équateur, elle enlève au moins le tiers de la population, et sans doute elle ferait encore beaucoup plus de victimes, si la cachexie palustre ne prélevait un si large tribut. Dans ces climats, la phthisie galope toujours et rarement voit deux hivers ; aussi je me hâtais de renvoyer les catarrheux qui toussaient au début des pluies; mais le changement d'air, pour peu qu'il fût ajourné, n'était plus qu'une déception.

Pour Laënnec, l'influence maritime est favorable aux tuberculeux; notons à ce propos que la côte de Bretagne est plus chaude en hiver que la plupart de nos départements. Le voisinage de la mer a suffi quelquefois pour préserver des jeunes gens qu'une disposition acquise ou innée semblait vouer à la consomption. Il en est qui respirent mieux à l'air salin, comme les rachitiques; mais, sauf de rares exceptions, la mer ne peut convenir qu'aux faibles constitutions, nullement entachées du vice tuberculeux. Grâce au régime, à l'exercice, à la régularité de la vie, les marins obtiennent à la mer un prompt accroissement de vigueur et de santé; mais les tuberculeux succombent dans le même temps avec la rapidité des maladies aiguës. Il est reconnu que la phthisie est plus meurtrière chez les marins que dans l'armée de terre, et plus dans les stations navales que dans les ports. S'il est à cet égard un fait bien démontré, c'est que la phthisie ne guérit pas dans les latitudes élevées, mais seulement vers les parallèles moyens également préservés des excès de température et de l'humidité.

C'est dans la zone des orangers, sur les bords méditerranéens, que l'atmosphère a le degré de chaleur et de pression qui la rend favorable au repos des poumons; ce repos, il faudrait l'obtenir à tout prix, et la nature est ici notre guide : le ralentissement de la respiration est l'artifice qu'elle emploie chez les hibernants pour modérer la combustion pulmonaire et prévenir l'émaciation. C'est de même au silence prolongé que des personnes douées d'une volonté ferme ont dû la guérison; les idiots, les hommes sans énergie ne guérissent jamais.

Bien que la phthisie ait partout sa raison d'être, elle est d'autant moins fréquente que la chaleur est égale et tempérée; elle épargne encore plus l'homme du Nord émigrant vers le Midi; aussi, grâce à la rapidité de la locomotion, nous voyons tous les jours la bronchite enrayée par l'effet des transitions. Que ne peut-on pas espérer pour les enfants tuberculeux recevant dans ces conditions l'achèvement de leur croissance?

Or, de tous les climats conseillés en pareil cas, le meilleur est le moins variable; le plus sec et le mieux abrité, en regard du sud et du sud-ouest. L'exposition de l'ouest, avec une température inférieure, est soumise aux inconvénients de la brise diurne.

Tous les versants de la Méditerranée n'ont pas au même degré les attributs des régions tempérées; cela dépend bien moins de la position géographique absolue que des accidents du terrain et des hauteurs qui le dominent; c'est pourquoi les lignes isothermes ne suivent pas sur notre continent celle de l'équateur. La plaine d'Hyères se trouve à peine au sud de Nice, Pise, Florence; elle est plus nord que Rome, où l'on voit souvent une température inférieure à la sienne de 6 ou 8°, et les botanistes nous ont appris qu'il faut descendre assez loin vers le sud pour avoir une Flore aussi méridionale.

Trouver pendant l'hiver une température douce, égale, sans brouillard ni vicissitude atmosphérique est une illusion que nul climat ne peut réaliser; le printemps n'est donc pas éternel dans les sites privilégiés; un soleil radieux peut éclairer une matinée froide et la chaleur finit quand il n'est plus sur l'horizon; mais le malade y est relativement préservé des intempéries, et prend à l'air un exercice régulier que le froid lui interdirait. Cette vie extérieure est le bienfait le plus réel que nous puissions demander au Midi.

L'Égypte et les bords du Nil, en dépit des brouillards, de la peste et de la dyssenterie, seraient le rendez-vous des riches tuberculeux sans les désagréments de la navigation que le malade entreprend avec joie, mais achève tristement.

La proximité de l'Afrique et son climat chaud décideraient en faveur de l'Algérie, si les pluies n'y régnaient avec persévérance aux premiers mois d'hiver.

Madère et le groupe des Canaries sont préférés par ceux qui veulent éviter la sensation du froid; effectivement, si nous exceptons quelques tourmentes du sud-ouest comme en reçoit une île au milieu de l'Océan, Madère n'a pas d'hiver, mais nous signalerons, à l'exemple des Anglais, le danger du traitement, la mollesse et l'atonie de l'air qui frappe d'inertie l'appareil digestif, au point d'empêcher la nutrition. Son climat tiède et débilitant comme celui du Nil est à peine indiqué aux derniers degrés de la phthisie, alors que le voyage accélère infailliblement la terminaison.

La Sicile, exposée à tous les vents, est battue par l'est et le mistral, et Palerme est inclinée vers le nord comme Alger.

En somme, et sauf de rares exceptions, le phthisique ne gagne rien à quitter le continent, et encore moins s'il est Français. Nous préférons aux voyages lointains le comfort et le repos dans la mère-patrie. Ne contrariez point le malade aventureux; mais s'il passe la mer, il attendra la guérison dans le lieu qu'il a choisi : c'est le moyen de prévenir le catarrhe final qui l'attend sur la côte au retour. Il est difficile d'aborder le rivage de France en quittant les pays chauds, sans contracter une bronchite qui dure plus longtemps en allant vers le nord.

Des malades que j'ai suivis s'étonnaient d'avoir été dirigés sur Venise; il y fait en hiver un temps humide et froid; le thermomètre y descend assez bas, 10 à 12°, toutes les fois qu'il sent les rafales glacées du golfe Adriatique. Si vers le 46° de latitude nord, on jetait un coup d'œil sur la carte d'Italie, si par expérience on connaissait le voisinage des lagunes, on saurait ce qu'un séjour brumeux, d'ailleurs très-beau pour la belle saison, pourrait être en janvier.

Partisan de Naples quand même, Dupuytren s'écriait un peu tard en parcourant la baie : Que de malheureux j'ai envoyés mourir ici ! On ne voit plus à Naples que des curieux, et c'est à tort, car s'il est vrai que son climat d'hiver est le plus mobile de l'Italie, rien ne peut égaler la douceur de son printemps, et c'est l'époque où la température est partout inégale. Nous préférons encore, comme intermédiaire, un des villages situés aux bords du lac Léman, Vevay, Clarans, Montreux qui réunit une société plus nombreuse en automne. Les Allemands surtout fréquentent ces localités pour y subir la cure du raisin, et chaque année quelques tuberculeux y vont passer la mauvaise saison.

Florence est dans un fond humide et froid, dominée par les Apennins et baignée par l'Arno. L'hiver de Pise est toujours pluvieux; c'est la station que l'on doit préférer pour les constitutions réclamant un air tiède, et sur la rive droite de l'Arno qui offre le meilleur abri.

Nice a pour nous les séductions d'une ville italienne et de la vie bruyante; elle plaît aux tuberculeux qui vivent d'illusions et rêvent le plaisir, mais elle est grande et la campagne éloignée. Nice n'est plus la société française. Elle est ouverte aux vents qui amènent la pluie et soufflent quelquefois avec la violence d'un ouragan, comme en 1856. Elle doit aux brouillards, aux coupées de ses torrents, et surtout du Paglion, l'inconstance du climat qui varie tous les jours suivant l'heure et le quartier. Elle est au bord de la mer, et ce n'est pas une circonstance à négliger, car si l'influence maritime est salutaire aux sujets débilités, l'air âpre et froid du littoral est funeste aux tuberculeux. On pourrait en juger par l'aridité de la plage et le dépôt salin qui détruit la végétation. Ce n'est pas sans raison que les phthisiques du pays passent l'hiver dans l'intérieur. Nice est le séjour du convalescent qui poursuit la distraction et ne redoute pas les commotions de l'atmosphère.

Dans la principauté de Monaco, Menton forme une serre chaude abritée contre le nord. Malgré l'ennui et l'isolement que le malade accuse, c'est le site qui convient le plus aux personnes qui rechercheraient l'atmosphère maritime. Pendant que nos confrères s'efforcent de peupler Menton, faudra-t-il s'étonner que des convalescents de Monaco préfèrent la Provence?

Nous avons vu plusieurs familles que le froid chassait d'Amélie et du Vernet. Il ne vient pas naturellement à la pensée de chercher la chaleur au pied du Canigou, car les circonstances qui donnent la fraîcheur en été, font baisser en janvier le thermomètre. On veut y remédier par les salles d'inhalation, mais l'atmosphère sulfurée ne peut pas remplacer les distractions et l'air des champs.

La ville de Pau, si bien dotée pour la belle saison, comme les sites élevés, diffère essentiellement du littoral et ne saurait partager sa spécialité. C'est la placidité du climat de Venise avec moins de commotions. La ville est défendue par des barrières naturelles qui arrêtent le vent : telles sont les circonstances qui déterminent l'immobilité, mais aussi l'humidité de l'atmosphère. Pau est humide et froid comme tout le revers septentrional des Pyrénées. Traversez la montagne et vous aurez au sud le climat de la Provence. L'air de Pau imprégné de vapeur et rarement agité convient aux sujets bilieux, irritables, sanguins ou menacés de congestions, on sait qu'il nuit aux lymphatiques, aux enfants scrofuleux qu'un milieu relâchant disposerait à la tuberculose. Enfin la proximité des sommets neigeux qui arrêtent la brise, amène trop souvent une pluie glaciale et des froids qu'un malade affaibli ne supporterait pas. L'hiver de Pau, trop rigoureux pour les Méridionaux, suffit à nos voisins qui affluent dans cette ville admirablement servie par sa position et le génie des habitants; peut-être aussi par le voisinage des Eaux-Bonnes.

En consultant nos souvenirs nous parlerons de Montpellier à peu près dans le même sens. L'empressement à rallier le centre médical est pleinement justifié, mais en prenant les conseils de la Faculté, le malade fuira les vents du nord qui font de cette ville un séjour dangereux pour les poitrines faibles.

On place à tort au même rang, deux stations rapprochées ayant le même ciel mais un site différent. Avec une magnifique exposition et l'influence des Alpes, Cannes subit les inconvénients que nous venons de signaler pour Nice; son climat n'est pas excitant au même degré, mais la vivacité de l'air marin peut aggraver certaines maladies qui conservent de l'acuité, le catarrhe accompagné d'irritation de fièvre ou de fluxion. Il reste à Cannes une large part des affections chroniques du poumon, celles qui ne craignent pas l'atmosphère maritime : c'est pourquoi le Carmet, beaucoup mieux abrité, plus éloigné du littoral, doit être préféré. Mais il faut bien avouer que les médecins qui n'ont pas voyagé ont d'étranges illusions sur la mer et l'influence de l'air salin.

Cannes est bâti avec intelligence et prendrait au point de vue médical une importance de premier ordre, si ses villas disséminées étaient moins exposées au sud-est et au nord-est. C'est l'opinion que rapporte un praticien dont l'autorité ne saurait être contestée.

CHAPITRE II

HYÈRES.

Hyères, ἱερὰ ὀλβία, l'heureuse, la plus ancienne station d'hiver et la première étape d'Italie, est le type des régions tempérées. Placée dans la partie la plus méridionale de la Provence sur un point où la neige est un phénomène exceptionnel, elle domine la mer à la distance d'une lieue. Elle occupe un de ces sites que les anciens choisissaient avec tant d'intelligence et qui lui a mérité le nom d'Olbie. Rien ne s'y fait en vue de sa prospérité ; mais nulle part le ciel n'est aussi beau, la mer plus bleue, le paysage plus riche et les bois plus fleuris.

Assise au pied du château qui jadis la protégeait, Hyères s'étale au soleil du midi, sur une pente inclinée vers la mer, est très-bien ventilée, de sorte que l'humidité ne peut pas s'y former et que les brouillards y sont absolument inconnus.

De l'ouest au nord-est, la ville est entourée d'une suite de coteaux dont les sommets peu élevés ne sont jamais blanchis. Le thermomètre y est rarement à 0 pendant la nuit. M. le comte de Beauregard, dont la perte récente est un deuil général, a noté que sur trente hivers, de 1810 à 1840, il n'est tombé que dix-huit fois au-dessous, et depuis 1816 je ne l'ai jamais vu plus bas que 2° au-dessous de 0, de sept à huit heures du matin et au nord.

Il pleut à Hyères moins souvent qu'en aucun lieu de l'Italie et de l'Afrique, cependant, comme on le voit dans les régions plus chaudes, la masse d'eau qui tombe sur le sol est plus grande en réalité que dans la station d'Europe où les jours de pluie sont le plus nombreux.

L'humidité ne pouvant se condenser sous un ciel transparent, il n'en existe pas alors même qu'il pleut, à ce point que le sol est toujours sec pendant l'hiver. On n'aperçoit jamais dans les maisons ces traces de moisissures que l'on trouve à Venise et dans toutes les localités resserrées par les hauteurs. Il devient quelquefois nécessaire de dégager un peu de vapeur d'eau dans la chambre des malades, pour ajouter à l'air le degré d'humidité qui fait défaut quand les vents sont à l'ouest. Cette absence d'humidité, qui frappe tout d'abord, est favorable à la préparation du sel : aussi n'est-il pas un seul point de la côte où l'eau de mer ne puisse donner par l'évaporation la beauté des cristaux que l'on obtient dans nos salines.

Le mistral souffle à Hyères plus rarement et moins fort que dans la vallée du Rhône, attendu qu'il est arrêté par les montagnes de Marseille et de Toulon. D'autre part, le vent d'est, qui est celui de la mer et de la pluie, est peu sensible à cause de l'éloignement; toutefois l'atmosphère irréprochable en automne et en hiver est quelquefois troublée par les brises du printemps : c'est encore un bénéfice à l'époque où la chaleur atteint à l'ombre 15 ou 16° vers huit heures du matin. On sait que l'immobilité de l'atmosphère est nuisible aux fonctions de la peau, tandis qu'un air agité modérément dispose à la transpiration.

Ce qui distingue ce climat, ce qui lui appartient exclusivement, c'est que l'air est à la fois pur, sec et chaud, parce qu'il ne subit pas l'influence maritime. On ne peut pas se figurer, sans l'avoir éprouvée, la différence qui existe à cet égard entre la ville et le littoral. Les étrangers sont attirés par le prestige et les scènes de la mer, les promenades en bateau, les escadres d'évolutions que l'on voit dans la rade..... Les moyens de transport ne peuvent plus suffire à leur curiosité quand on annonce une manœuvre; mais il ne faut conseiller ces excursions que par les plus beaux jours, et encore on rencontre ordinairement sur les bords de la mer la plus calme un air humide et vif qui contraste avec celui que l'on respire à Hyères. Des malades sont obligés de chercher un abri aussitôt qu'ils ont mis pied à terre, et cette épreuve leur suffit.

Toutes les conditions de climat tempéré ne se trouvent point aux environs où l'oranger ne réussit plus aussi bien, et dans la ville même, il y a des abris plus parfaits dans la ligne des constructions qui la bornent au midi. La partie occidentale est moins bien protégée, mais ce quartier si élégant et si bien exposé, convient particulièrement aux sujets lymphatiques, à ceux qui doivent rechercher l'impression d'un air vif. Il est en général préféré par les habitants du nord; il a de plus l'avantage de conserver le soleil plus longtemps, en sorte que chacun des faubourgs répond à des indications qu'il importe de préciser.

S'il est vrai que l'air humide est une cause de phthisie, la sécheresse et la pureté de l'air sont, avec le maximum de la pression barométrique, les éléments essentiels du milieu que le phthisique doit respirer. La ville d'Hyères, à cet égard, ne laisse rien à désirer. Ce séjour ne convient pas uniquement aux pulmonies, mais encore aux affections qui réclament l'air pur et la réparation. Il aide au traitement des maladies chroniques de l'estomac, du cœur, de l'utérus, du lymphatisme, et particulièrement des névralgies qui sont le lot des grandes villes où règnent en hiver le froid humide et les brouillards. Aussi la plupart des arrivants, mais les femmes surtout et les enfants sentent l'air pénétrer dans la poitrine et l'appétit se réveiller; c'est le contraire à Pise, à Madère, en Égypte, etc.

Avec un hiver aussi doux on croirait que la chaleur est

excessive dans l'été ; il n'en est rien, car la brise de mer, qui tous les jours se lève à l'est et tombe vers le soir au coucher du soleil, modère la chaleur et la rend plus facile à supporter que dans les terres. Il n'est pas rare que des convalescents, habitant Hyères dans l'été, se rapprochent du littoral, et dans ce cas c'est Costebelle et Saint-Pierre-des-Horts qu'ils doivent préférer.

« Le docteur Barth exprime ainsi son opinion sur Hyè-« res : Si on veut observer que la ville est assez éloignée « des Alpes pour ne pas sentir l'influence des neiges ; si on « considère son exposition au sud et sa situation sur les « flancs d'une colline dont les rochers réfléchissent les « rayons du soleil, sa disposition en amphithéâtre, qui fa-« cilite l'accès de la chaleur et empêche l'humidité, si on « remarque enfin qu'indépendamment de l'abri que lui « fournit la montagne dont elle occupe la pente, elle est « garantie du vent du nord par une enceinte de collines « qui l'environnent depuis l'est jusqu'à l'occident, on peut « se figurer la beauté d'un pareil séjour.

« Ce climat peut avoir une heureuse influence sur un « grand nombre de maladies, celles que le froid contri-« bue à faire naître, augmente, entretient, et en particu-« lier dans celles de l'appareil respiratoire, et je place en « première ligne, le catarrhe chronique et rebelle qui dans « les pays du nord s'accroît pendant l'hiver et de recru-« descence en recrudescence devient interminable. Un air « doux et pur, une chaleur tempérée, sont les circonstan-« ces extérieures les plus capables de faciliter la guéri-« son. Les mêmes conditions, aidées par un exercice pro-« portionné aux forces du sujet ne seront pas moins efficaces « dans la pleurésie chronique dont la résolution est diffi-« cile. J'ai vu des malades amenés à Hyères dans un état « de souffrance et de faiblesse extrêmes, éprouver en peu « de jours une amélioration notable et suivie d'un réta-« blissement plus ou moins complet.

« Hyères n'est pas une cité populeuse, bruyante et ani-
« mée, mais une ville paisible dont le climat vaut mieux
« que celui de Nice ; laissons aller à Nice les malades qui
« s'ennuient. Hyères sera préférée par ceux qui savent met-
« tre leur santé au-dessus du plaisir ; c'est d'ailleurs un
« sentiment bien légitime de préférer le sol de la patrie au
« séjour d'une ville étrangère. » (Barth, *Notice sur Hyères.*)

FIN

TABLE DES MATIÈRES

STATIONS D'HIVER

FIN DE LA TABLE.

Corbeil, typog. et stéréot. de Crété.

www.ingramcontent.com/pod-product-compliance
Lightning Source LLC
LaVergne TN
LVHW020446230826
846091LV00004B/1571

* 9 7 8 2 0 1 3 0 5 0 7 0 8 *